U0344369

面向中小学教师的
Python 编程入门

樊磊　编著

 上海科技教育出版社

图书在版编目(CIP)数据

面向中小学教师的 Python 编程入门 /樊磊编著. —
上海：上海科技教育出版社,2020.8(2021.12 重印)

ISBN 978 - 7 - 5428 - 6506 - 9

Ⅰ. ①面… Ⅱ. ①樊… Ⅲ. ①软件工具—程序设计—
中小学—师资培训—教材 Ⅳ. ①TP311.561

中国版本图书馆 CIP 数据核字(2020)第 078769 号

责任编辑 王丹丹 丁 祎
封面设计 符 劼

面向中小学教师的 Python 编程入门

樊 磊 编著

出版发行 上海科技教育出版社有限公司
(上海市闵行区号景路 159 弄 A 座 8 楼 邮政编码 201101)

网	址	www.sste.com www.ewen.co
经	销	各地新华书店
印	刷	常熟市兴达印刷有限公司
开	本	890×1240 1/16
印	张	15.75
版	次	2020 年 8 月第 1 版
印	次	2021 年 12 月第 3 次印刷
书	号	ISBN 978-7-5428-6506-9/G·4264
定	价	58.00 元

序　言

2018 年 1 月,教育部正式发布《普通高中课程标准(2017 年版)》,标志着我国普通高中课程改革进入新时代。2019 年 6 月,国务院办公厅发布《新时代推进普通高中育人方式改革的指导意见》,其确定的改革目标为:到 2022 年,德智体美劳全面培养体系进一步完善,立德树人落实机制进一步健全。普通高中新课程新教材全面实施,适应学生全面而有个性发展的教育教学改革深入推进……

信息技术新教材是贯彻落实新课程标准"立德树人""核心素养"目标的直接载体,新教材采用的编程语言是 Python,信息技术教师应该掌握。另外,其他学科教师适当掌握 Python 也能为实施信息技术与学科教育教学深度融合,以及在教学实践中深入体会并应用计算思维(信息技术的思想、方法和手段)解决问题等提供坚实基础。

但是,对于大多数教师而言(包括相当一部分信息技术教师),Python 仍是一种比较陌生,甚至是比较"奇怪"的编程语言,即便是对 Python 已经有所了解的教师,可能也会有一种"心里没底"的感觉。因此,无论是学习掌握语言本身,还是利用编程开发一些应用,对教师们都是一个相当大的挑战。

本书是笔者基于教师培训的材料和经验,针对中小学教师(特别是信息技术、数学及其他科学类教师)的需要和学习特点撰写的速成读本。读者仅需具备计算机及科学方面的常识性知识,不需要任何编程经验,就可以开始 Python 的学习。

如果读者在阅读本书过程中遇到没有详细解释的概念、构造及用法,可以先放一放,以后再去慢慢体会,当然也可以查阅更权威的书籍。这种处理并非鼓励读者在读书过程中不求甚解,而是希望读者不被概念困扰,能用最短的时间达成本书的核心学习目标。

与当下市场中的 Python 编程图书相比,本书具有以下特点:

- 在内容选取上特别关注了高中新课程、新教材(特别是信息技术课程)的教学要求,比较全面地介绍了 Python 编程及其在数据分析、可视化及人工智能等方面的应用。
- 全书采用简洁、直接的叙述方式,在保证内容完整、连贯的前提下,对书中涉及的计算机、数学、程序设计、数据处理及人工智能等领域的概念和思想作了概要式的描述,对较复杂、有多种含义、处于演化中的以及可能有歧义的概念,采用了直观(也许不严格)和实用的解释。
- 本书中的程序代码以直接、易懂和通用为原则,尽量避免技巧性的语言构造或用法。

- 本书以 Python 符号计算库 SymPy 为例，详细地回顾了部分高中基础数学、微积分（包括优化思想）、线性代数等方面的知识，希望为读者学习和理解人工智能算法、数据安全，以及开展数学学科的融合教学提供帮助。
- 为方便读者更有效地使用本书，在每一章的开始都设置了"本章导读"栏目，列举本章的一些内容要点、重点和注意事项等。另外，在正文中还随时穿插一些"注意"或"提示"栏目，前者对当前章节中可能产生困惑的地方作了简单解释，后者补充了一些简要的背景知识。

本书主要参考文献如下：

[1] 中华人民共和国教育部制定.普通高中信息技术课程标准·2017 年版［S］.人民教育出版社,2018.

[2] 任友群.普通高中信息技术课程标准(2017 年版)解读［M］.高等教育出版社,2018.

[3] NumPy，SciPy，Matplotlib，SymPy，Pandas，scikit-learn 等库的官方手册或文档。

[4] J. Guttag. Python 编程导论(第 2 版)［M］.陈光欣，译.人民邮电出版社,2018.

[5] 范建农.Python 程序设计教程［M］.电子工业出版社,2017.

本书在写作风格上借鉴了参考文献［4］，书中的部分代码片段和数据集借鉴了其他一些图书（见参考文献）及开源资源（主要来源 GitHub 和 CSDN），因数量众多无法一一列举。此外，笔者在写作中遇到技术困难时，总能在开源社区找到答案，在此对开源社区可敬的贡献者们一并表示感谢！

这样的写作尝试对笔者是很大的挑战，不可避免地带有一些个人的喜好和风格，不当之处请读者指正。

目 录

第一章　Python 基础知识

本章主要介绍 Python 语言的一些基础入门知识,包括算术运算、变量与(简单)数据类型、标准库函数等。

- Python 可以针对数值对象(包括常值、变量和表达式)实施常规的算术运算,如加法、减法、乘法、除法和乘幂等。
- 有些类型的非数值对象(如字符串)也对应有算术运算,虽然有时使用相同的算符记号,但算符的含义与数值算术运算符的含义已经有所不同。
- Python 有多种导入标准库及扩展库的方法,每种方法在使用中略有差异。很多常用函数在不同 Python 库中都有实现,因而可能有不同的使用方法。
- Python 中索引字符串或列表中的元素都从 0 开始,因此"第 1 个元素"的索引号为 0。
- Python 极其灵活的索引及切片方法对于处理数据至关重要,本章先通过使用针对字符串的索引和切片初步体会其强大功能,同时也为今后将其应用于数据集做好准备。

1.1　Python 算术运算

Python 可以对数值对象(包括常值、变量和含有变量的算术表达式)实施常规的算术运算,包括加法、减法、乘法、除法和乘幂等。此外,使用内建数学函数,Python 也可以用于一般初等函数(如三角函数)的求值和统计计算。

1.1.1　数值的算术运算

简单算术运算可以直接在 Python 提示符(>>>)下进行。Python 的这种命令行运行模式也称为 REPL 模式,其中 REPL 分别是四个英文单词"Read""Evaluate""Print""Loop"的首字母缩写。

REPL 的含义如下:

- Read(读入):在 Python 命令行下键入的命令被解释器读入。
- Evaluated(赋值):回车后命令得以执行。
- Print(输出):赋值的结果被显示(输出)在命令窗口中。

- Loop（重复）：在前一个运行、赋值、显示流程完成后，提示符重新出现并等待随后的 Python 指令。这个过程一遍一遍地重复。

在 Python 的 REPL 模式下做算术运算，其功能和使用方法与使用普通计算器差不多。

> **注意**
>
> 在 Jupyter Notebook 中，Python 命令显示在"代码单元（Code）"中，代码单元本质上也是一种 REPL 的运行环境，但通常会省略提示符（>>>）。
>
> Jupyter Notebook 的文字说明显示在"标记单元（Markdown）"中，在标记单元内可以进行简单的标注和排版。

以下是在 REPL 模式下（或在 Jupyter Notebook 的代码单元中）输入代码完成一些简单算术运算的例子（方框中是输入的代码，下面紧接着的是输出结果）。

```
>>>5 + 3    # 提示符>>>可以省略
```

8

```
8 - 1.5
```

6.5

```
5000 / 2500
```

2.0

```
47 % 9    #求余数：47 % 9是计算47用9除后的余数
```

2

```
5 ** 2
```

25

> **提示**
>
> Python 使用下划线"_"表示前一次运算的结果。在做连续运算时，这个符号很方便。例如：
>
> ```
> 2 * 5
> ```
>
> 10
>
> ```
> _ + 1.5
> ```
>
> 11.5

表 1-1 汇总了 Python 中的主要算术运算。

表 1-1　主要算术运算符表

算　符	描　述	实　例	结　果
+	加法	2+3	5
-	减法	8-6	2
-	负号	-4	-4
*	乘法	5 * 2	10
/	除法	6/3	2
//	整除	10//3	3
%	余数	10%3	1
**	乘幂	10 ** 2	100

1.1.2　变量

在一般编程语言中,变量可以表示该语言所允许的某个值或者对象,变量所能取值的种类称为**数据类型**(下节将具体介绍 Python 数据类型),如整数变量、字符串变量、布尔值变量(或逻辑变量)等。

在 Python 中,我们使用等号"="(也叫作**赋值算符**)来指定变量。变量命名要服从一些规则,较常用的规则有以下几种:

- 变量名是大小写敏感的,且必须以英文字母或中文字符开头。
- 变量名中只能包含字母、中文字符、数字和下划线。
- 变量名中不能包含空格、连接符或其他特殊符号。
- 变量名的一部分(非全部)不能被引号或括号包围起来。
- 不能使用 Python 保留字作为变量名。

例如,下列代码片段中给出的变量名是合法的。

```
cst = 4
new_var = 'var'
my2cards = ['card1','card2']
SQUARES = 4
我的留言 = '今天下午去开会。'
(a)= 'This is a Function'
```

而下列变量的命名则是非法的,运行每条语句都会产生"语法错误"(SyntaxError)。

```
3news = [1, 2, 3]      # 变量名以数字开头
```

......

```
SyntaxError: invalid syntax
```

```
&sum = 4 + 4      # 变量名以 & 开头
```

......

```
SyntaxError: invalid syntax
```

```
b(a)c = 'This is a function call.'      # 变量名内部有括号包围
```

......

```
SyntaxError: invalid syntax
```

1.2 数值型数据类型

数值型数据类型规定了数的类型。Python 有四种基本数值型数据类型,即整数型(int)、浮点型(float)、布尔型(bool)和复数型(complex),本书只介绍前三种。

> **提示**
>
> 在很多编程语言中,一个变量所属的数据类型需要在创建时就明确指定,而一旦给变量指定了数据类型,那么在使用时就不能随意改变,除非明确指定新的数据类型。这种类型的编程语言称为**静态类型语言**,如 C 语言等。
>
> 另一方面,若变量所属的数据类型可根据赋值算符所指定的数值或对象的类型动态地确定,而无须在声明变量时指定,则这种语言称为**动态类型语言**。
>
> Python 是一种动态类型语言,因此在定义变量时不需要指定数据类型。

1.2.1 整数类型

整数包括正整数、零、负整数。在 Python 中,**整数类型数值**(int)就是不带小数点的数,简称**整型值**、**整数**或**整值**。定义整数型的变量只须将一个整数值指定给一个合法的变量名即可。例如:

```
# 将整数 2 指派给变量 a,创建一个整数类型变量
a = 2
```

```
# 显示变量a的值
a
```

2

Python 的内建函数 `type()` 作用于一个变量上,可用于确定该变量的数据类型。例如:

```
# 显示变量的类型
type(a)
```

int

输出信息 `int` 表示 a 是一个整数类型的变量。又如:

```
# 练习
b = -2
z = 0

type(z), type(b)
```

(int, int)

1.2.2　浮点类型

在 Python 中,浮点类型数值(float)就是带有小数点的实数,简称**浮点型数值**、**浮点数**或**浮点值**。特别地,如果在整数后面加上一个小数点,那么这个数会被视为浮点数而不是整数。例如:

```
c = 6.2
type(c)
```

float

```
d = -3.
type(d)
```

float

使用科学记数法可以非常方便地表示很大(或者很小)的浮点数,即用字母 e 或 E 表示小数点后面的位数。

例如,$3.05e8$ 表示浮点数 $3.05 \times 10^{8} = 305000000.0$;$1.38e-5$ 表示浮点数 $1.38 \times 10^{-5} = 0.0000138$。

下列代码中,变量 N 的数值类型也是浮点数。

```
N = 6.02e-4
N, type(N)
```

(0.000602, float)

再次强调：一个数值的任何位置出现小数点，都表示这个数是浮点数，即使小数点后面位数上的值全是 0（作为数值与整数的 0 相等，但概念上却不同）。例如：

```
g = 5      # 整型
type(g)
```

int

```
g = 5.000
type(g)
```

float

类型转换

使用 Python 的内建类型转换函数，可以将变量由一种数值类型转换为另一种数值类型。这些类型转换函数的名称与其要转换的数值类型同名。例如，关键词 int 表示整数类型，而与其同名的函数 int() 作用到一个变量上，则表示将该变量转换为整型。具体示例如下：

```
# 将浮点类型转换为整数类型
a = 2.3
b = int(a)
type(a), type(b)
```

(float, int)

```
# 将整数类型转换为浮点类型
c = -3
d = float(a)
type(c), type(d)
```

(int, float)

1.2.3　布尔数据类型

布尔数据类型（bool）也称为**逻辑数据类型**（简称为**布尔值**或**逻辑值**），它只能取值 True 或 False，这两个词也是 Python 的关键字。例如：

```
a = True
type(a)
```

bool

```
b = False
type(b)
```

bool

注意

　　关键字 True 和 False 的首字母大写,其余字母小写,使用不当会产生命名错误 (NameError)!例如:

```
c = tRue
```

......

NameError: name 'tRue' is not defined

```
d = FaLse
```

......

NameError: name 'FaLse' is not defined

1. 布尔值运算

布尔运算(即逻辑运算)包括如下逻辑算符。

* or(或)
* and(与)
* not(非)
* ==(等价)
* !=(不等价)

表1-2列出了布尔运算的运算规则(真值表)。

表 1-2　真　值　表

A	B	not A	not B	A == B	A != B	A or B	A and B
T	F	F	T	F	T	T	F
F	T	T	F	F	T	T	F
T	T	F	F	T	F	T	T
F	F	T	T	T	F	F	F

以下代码验证了真值表的第一行。

```
A = True
B = False
not A, not B, A == B, A != B, A or B, A and B
```

(False, True, False, True, True, False)

练习

  (1) 改变变量 A，B 的取值，验证真值表余下三行。

  (2) 假设 C = False，A = True，B = False，分别求 A or (C and B)，(A and B) or C 的值。

2. 类型转换

  与整型和浮点型类似，使用内建函数 bool()，可以将整型或浮点型变量转换为布尔类型变量。转换的规则为，在函数 bool() 作用下，整型值"0"和浮点值"0."转换为 False，其他非零值转换为 True。例如：

```
zero_int = 0      # 整型值 0
bool(zero_int)
```

False

```
not_zero_int = 1      # 非零整型值
bool(not_zero_int)
```

True

```
zero_float = 0.      # 浮点值 0
bool(zero_float)
```

False

```
not_zero_float = -5.1      # 非零浮点值
bool(not_zero_float)
```

True

1.3 Python 标准库：基本数学函数

  Python 能够实现所有基本数学函数和数学常数（包括圆周率和自然对数的底等）的运算，但这些函数及值都要作为**标准库**中的某个模块引入，默认情况下并不包含在原始的 Python REPL 对话模式中。

因此,要使用某些数学函数,需要使用 import 指令先将包含这些函数的库(或者模块)导入,否则便会出错。例如,直接运行下列指令会产生命名错误(NameError),因为没有导入包含函数 sin() 的库,Python 找不到 sin() 所对应的解释。

```
sin(60)
```

......

```
NameError: name 'sin' is not defined
```

1.3.1　从标准库中导入函数

像 sin() 这样的常用数学函数包含在 Python 标准库的 math 模块中。在使用 sin() 函数前,要先使用 import 指令将其从 math 模块导入。

```
from math import sin        # 从 math 模块导入 sin() 函数
```

```
sin(60)
```

-0.3048106211022167

也可以用如下方式一次导入多个函数。

```
from math import sin, cos, tan, pi      # pi 代表圆周率
```

```
pi
```

3.141592653589793

```
sin(pi / 6)
```

0.49999999999999994

```
cos(pi / 6)
```

0.8660254037844387

```
tan(pi / 6)
```

0.5773502691896257

```
sin(pi) * sin(pi) + cos(pi) * cos(pi)
```

1.0

```
sin(pi) * sin(pi) + cos(pi) * cos(pi) == 1
```

True

> **提示**
>
> 　　像上面这样直接指定函数名称的导入方式,在使用被导入函数时可以通过函数名直接调用,如上例中调用三角函数的语句,但这样的方式有两个问题。
>
> 　　(1) 如果导入的函数太多,指定函数名称的导入方式就不实用了。
>
> 　　(2) 除标准库外,其他 Python 扩展库也可能包括相同函数(同名称、同功能)。如果程序中碰巧要用到来自不同库的同一个函数(如来自两个不同库里的 sin() 函数),该如何区分调用呢?
>
> 　　为解决第一个问题,Python 提供了一次导入所有函数的方法,即使用下列指令:
>
> ```
> from math import *
> ```
>
> 　　指令中的字符 * 为通配符,意思是"所有"。执行上述指令后,模块 math 中的所有函数都能通过函数名直接调用。
>
> 　　但是,这种方法仍然无法解决第二个问题。
>
> 　　事实上,import 指令标准用法就能解决这两个问题。标准用法通过如下方式导入指令(仍以导入 math 模块为例)。
>
> ```
> import math        # 注意此时没有用关键字 from
> ```
>
> 　　执行上述指令后,导入的是模块 math 中所有函数,但在调用该模块的任何函数时,需要在函数名前加上模块名 math。例如:
>
> ```
> import math
> math.sin(math.pi)
> ```
>
> 　　在实际使用中,我们可以根据应用场景的需要交替使用不同的模块导入方式。

1.3.2　三角函数

表 1-3 列出了 **math** 模块中常用的三角函数(使用 import math 导入)。

表 1-3　**math** 模块中常用的三角函数

三角函数	名　　称	描　　述	实　　例	结　　果
math.pi	圆周率	数学常数 π	pi	3.14
math.sin()	正弦函数	弧度角的正弦	sin(4)	9.025

三角函数	名　称	描　述	实　例	结　果
math.cos()	余弦函数	弧度角的余弦	cos(3.1)	400
math.tan()	正切函数	弧度角的正切	tan(100)	2.0
math.asin()	反正弦	正弦的反函数(弧度值)	sin(4)	9.025
math.acos()	反余弦	余弦的反函数(弧度值)	acos(3.1)	400
math.atan	反正切	正切的反函数(弧度值)	atan(100)	2.0
math.radians()	弧度转换	将度数转换为弧度	radians(90)	1.57
math.degress()	度数转换	将弧度转换为度数	degrees(2)	114.59

1.3.3 指数函数与对数函数

指数函数和对数函数也包含在标准库的 math 模块中。例如:

```
from math import log, log 10, exp, e, pow, sqrt
```

```
log(e)
```

1.0

```
log(3.0 * e ** 3.4)    # log 是自然对数
```

4.4986122886681095

```
sqrt(3 ** 2 + 4 ** 2)    # sqrt 表示平方根函数
```

5.0

```
5 ** 2, pow(5, 2)
```

(25, 25.0)

表 1-4 列出了 math 模块中部分指数函数和对数函数。

表 1-4　math 模块中的指数函数和对数函数(部分)

指数/对数函数	名　称	描　述	实　例	结　果
math.e	欧拉常数	数学常数 e(自然对数的底)	e, E	2.718
math.exp()	自然指数函数	e 的幂次	exp(2.2)	9.025
math.log()	自然对数函数	以 e 为底的对数	log(3.1)	400
math.log10()	常用对数函数	以 10 为底的对数	log 10(100)	2.0
math.pow()	一般指数函数	某个数的幂次	pow(2, 3)	8.0
math.sqrt()	平方根函数	某个数的平方根	sqrt(16)	4.0

1.4 Python 标准库：统计函数

Python 标准库中也包含常用的统计函数，但不在 math 模块中，而是在另一个独立的 statistics 模块中。例如：

```
# 导入常用统计量函数
from statistics import mean, median, mode, stdev
```

```
test_scores = [60, 83, 83, 91, 100]    # 创建一个示例数据样本
```

```
mean(test_scores)        # 计算数据的均值
```

83.4

```
median(test_scores)         # 计算数据的中位数
```

83

```
mode(test_scores)         # 计算数据的众数
```

83

```
stdev(test_scores)          # 计算数据的标准差
```

14.842506526863986

一次性导入整个 statistics 模块的方法如下：

```
import statistics
```

使用同样的统计函数时，前面必须附上模块的名字。例如：

```
test_scores = [60, 83, 83, 91, 100]
```

```
statistics.mean(test_scores)
```

83.4

```
statistics.median(test_scores)
```

83

```
statistics.mode(test_scores)
```

```
statistics.stdev(test_scores)
```

14.842506526863986

显然,当模块名称较长时,会带来额外的书写负担。为了解决这个问题,Python 提供了一种给模块起"别名"的"瘦身"方法。

```
import statistics as tj        # 导入模块'statistics',别名为'tj'
```

```
tj.median(test_scores)         # 使用函数时可用别名识别模块
```

83

> **提示**
>
> 类似起别名的方式在 Python 中并不少见,后面章节还会遇到,请读者在阅读时留意观察。这些"小花招"可能并不起眼,但却是 Python 广受欢迎的一个重要原因,即在提供各种精细功能和高度灵活性的同时,关注用户使用的方便性。

表 1-5 汇集了 statistics 模块中常用的统计函数(假设使用指令 from statistics import * 导入)。

表 1-5 statistics 模块中的常用统计函数

统计函数	名 称	描 述	实 例	结 果
mean()	均值	数据的平均值或均值	mean([1, 4, 5, 5])	3.75
median()	中位数	数据的中间值	median([1, 4, 5, 5])	4.5
mode()	众数	数据中出现次数最多的值	mode([1, 4, 5, 5])	5
stdev()	标准差	数据的分散程度	stdev([1, 4, 5, 5])	1.892
variance()	方差	数据点与均值的平方差	variance([1, 4, 5, 5])	3.583

1.5 非数值型数据类型

本节将介绍 Python 中的两种基本的非数值型数据类型:字符串和列表。其他更高级的非数值型数据类型将在下一章中讨论。

1.5.1 字符串

字符串(str)是由字母(文字)、中文字符、数字、标点符号及空格组成的序列。Python 中的字符串必须用一对单引号(' ')或者一对双引号(" ")括起来。尽管两种引号都可以,但是建议在一个程序中仅使用一种。

　　原生 Python 支持由中文字符（包括中文文字、全角数字符号及其他特殊符号等）所构成的字符串，但字符串仍要使用英文的单引号或双引号括起来。此外，并非所有的扩展库或模块都支持中文。因此，除学习目的外，并不推荐在代码中使用中文。以下是字符串的一些示例。

```
first_word = "Hello!"
中文字符串 = "这是一个中文字符串。"
en_word = "This is a string."
```

　　与数值型数据类型相似，内建函数 type() 也可以作用于非数值型数据类型的变量，返回括号中变量的数据类型。例如：

```
type(first_word), type(中文字符串), type(en_word)
```

(str, str, str)

　　1. 字符串操作

　　在 Python 中，可以对字符串进行一些操作（或运算），包括**连接**（将字符串组合在一起）、**逻辑比较**和**索引**（提取字符串中的内容）等。

　　（1）连接。算符"+"可以对两个字符串进行连接或组合操作。

```
第一个字符串 = "这是第一个字符串"
第二个字符串 = "这是第二个字符串"
第三个字符串 = "这是第三个字符串"
连接在一起的字符串 = 第一个字符串 + 第二个字符串 + 第三个字符串
连接在一起的字符串
```

'这是第一个字符串这是第二个字符串这是第三个字符串'

　　连接的各个字符串之间可以插入空格或其他标点符号。例如：

```
第一个字符串 = "这是第一个字符串"
第二个字符串 = "这是第二个字符串"
第三个字符串 = "这是第三个字符串"
连接在一起的字符串 = 第一个字符串 + "," + 第二个字符串 + "," + 第三个字符串 + "。"
连接在一起的字符串
```

'这是第一个字符串,这是第二个字符串,这是第三个字符串。'

　　（2）逻辑比较。使用逻辑比较算符"== "（与赋值算符"= "的含义不同）可以对两个字符串进行比较，当两个字符串的内容完全相同时返回 True，不同时返回 False。

```
name1 = "王强"
name2 = "王强"
name1 == name2
```

True

```
name1 = "王东"
name2 = "王强"
name1 == name2
```

False

此外，Python 对大小写敏感的特点也反映在字符串上。例如：

```
name1 = "Google"
name2 = "google"
name1 == name2
```

False

（3）索引。字符串**索引**是指从一个字符串中按照指定的位置选取出特定字符的过程。Python 使用方括号"[ ]"指定要选取的字符所在的位置。

> **注意**
>
> Python 中字符串的索引计数开始于 0，结束于 $n-1$，其中 n 为字符串的长度。

例如，字符串：我的名字叫王强。

第一个字符"我"的索引值是 0，而不是 1。最后一个字符是句号"。"，其索引值为 7。

索引值	0	1	2	3	4	5	6	7
字符串	我	的	名	字	叫	王	强	。

```
word = "我的名字叫王强。"
word[0]
```

'我'

```
word[5]
```

'王'

如果给定索引值超出了字符串的范围，会产生"索引错误"（Index Error）。例如：

```
word[9]
```

......

`IndexError: string index out of range`

方括号中的索引值还可以是负数,即"负索引",这是 Python 中一个非常有用的特点。

负索引就是从字符串的后面往前面标注索引。因此索引号"−1"对应的是字符串的最后一个字符,−2 对应的是倒数第二个字符,依次类推。例如:

负索引	−8	−7	−6	−5	−4	−3	−2	−1
字符串	我	的	名	字	叫	王	强	。

```
word[-1]
```

`'。'`

```
word[-4]
```

`'叫'`

(4) 切片。**切片**(slicing)就是获取字符串两个索引号之间指示的所有字符,获取的范围用冒号来表示,冒号左边的数字为开始索引位置,冒号右边为终止索引位置。

例如,切片 [0:3] 表示获取从位置 0 到位置 3 之间的所有字符。因为 Python 的索引从 0 开始计数,结束于 $n-1$,所以 [0:3] 指示获取的是字符串的第一至第三个字符,即索引号为 0 到 2 的字符。

```
word[0:3]
```

`'我的名'`

若切片中冒号两边没有具体数字,如 [:],则表示索引所有字符。仅冒号一侧有数字的情形,其含义可以类推。例如:

```
word[:3]
```

`'我的名'`

> **练习**
>
> 1. 索引 [3:] 指示哪些字符?
>
> 2. 索引范围 [3:−2] 指示哪些字符?

字符串最一般的索引/切片形式为 [start:stop:step](复合切片),其中参数的含义如下:

- start:表示开始索引位置(与普通切片的含义相同)。

- stop：表示结束索引位置（与普通切片的含义相同）。
- step：表示跳到下一个位置的步长。

例如，切片[1:6:2]表示获取索引号为1,3,5的字符。

```
word[1:6:2]
```

'的字王'

若在复合切片[start:stop:step]中使用默认的开始和结束（没有具体数字），而step = -1，则表示将字符串反转。

```
word[::-1]
```

'。强王叫字名的我'

练习

1. 切片[::3]和[3::]的含义分别是什么？

2. 切片[:6:]是否有意义？运行word[:6:]，观察输出结果看看是否与你的回答一致。

表1-6汇总了常用字符串操作。

表1-6　常用字符串操作

算　符	描　述
s + t	连接两个字符串s,t
s * n	将字符串s重复n次
x in s	判断x是否在字符串s中
s[i]	索引：返回字符串s的第i个元素
s[i:j]	切片：返回字符串s的第i个元素到第j-1个元素之间的所有元素
len(s)	返回字符串s的长度（包含的元素个数）
str(r)	将（任意类型的）对象r转换为字符串

2. 适用于字符串的方法

Python中方法的调用方式如下：

对象实例.方法名(参量)

假设s是一个字符串，表1-7列举了常用的字符串方法。

表1-7　常用的字符串方法

方　法	描　述
s.capitalize()	将字符串s的第一个字母改写为大写
s.lower()	将字符串s的所有字母都改写为小写

方　　法	描　　述
s.strip()	删除字符串 s 中字符前后的所有空格
s.replace(str_1, str_2)	将字符串 s 中出现的所有子串 str_1 替换为 str_2
s.count(sub_str [, start [, end]])	返回子串 sub_str 在字符串 s 指定范围内出现的次数,start,end 为范围的起止位置
sep.join(iterable)	以 sep 为分隔符,将一个序列对象中的所有字符串合并为单一字符串
s.split(sep = None)	以 sep 为分隔符(默认为空格),将字符串 s 转换一个子字符串的列表

> **提示**
>
> 　　Python 是一种面向对象语言,这种类型语言的一个典型特征就是将任何程序可操作的目标(包括所有数据类型)都视为一个**对象**。
>
> 　　**对象**就是对具有某种共性事物全体的一种抽象描述,如果将这些个体事物按照某种共同**属性**聚集在一起,就称为一个**类**,从类中指定的某个个体称为类的一个**实例**。
>
> 　　面向对象语言通常将对象与适用于该对象实例的各种操作(称为该对象的**方法**)封装在一起。例如,所有字符串构成一个对象,每个具体的字符串则是实例,表 1-7 中列出来的针对字符串的操作就是字符串对象的方法。如果一个方法作用到字符串上可带有参数,或者对原字符串做了某种变换,则该方法就是一个**字符串函数**;而若一个方法不带参数,且对原字符串不做任何变换(如仅提取字符串的若干内在信息),则该方法通常为一个**属性**。
>
> 　　关于面向对象编程语言的详细介绍本书不再展开,有兴趣的读者可以阅读相关专业书籍。

1.5.2　列表

　　列表(list)是由多个元素构成的一种复合型数据结构,这些元素可以是任意数据类型。

　　Python 中的列表通过方括号"[ ]"界定,并使用逗号分割列表中的各个元素。例如:

```
# 只包含整数元素的列表
列表 = [1, 2, 3]
type(列表)
```

list

```
# 包含不同类型元素的一个列表
含多种类型元素的列表 = [1, 5.3, "第三种类型", True]
type(含多种类型元素的列表)
```

list

列表的索引

与字符串的索引方式类似,列表中的元素也可以通过方括号"[ ]"内的索引号访问。Python 列表元素索引也是从零开始的。例如:

```
我的课程 = ["数学", "英语", "信息技术"]
我的课程[0], 我的课程[2]
```

('数学', '信息技术')

在列表索引的方括号中,冒号":"的使用方式与字符串中的使用方式相同。

```
lst = [2, 4, 6]
lst [:], lst [:2], lst [2:]
```

([2, 4, 6], [2, 4], [6])

同样,当索引值为负数时,表示从后向前访问列表元素。

> **练习**
>
> 观察对同一个列表使用单个索引值(lst [-1])和使用一个索引范围(lst [2:])的区别。两个索引结果 6 和[6]的含义是否相同?为什么?

表 1-8 汇总了一些常见的列表操作(运算),l 是一个列表。

表 1-8　常见的列表操作

算　符	描　述
l + k	将列表 l, k 连接成新的列表
l * n	将列表 l 重复 n 次产生新的列表
x in l	判断 x 是否在列表 l 中
x not in l	判断 x 是否不在列表 l 中
l[i]	索引:返回列表 l 的第 i 个元素
s[i:j]	切片:返回列表 l 的第 i 个元素到第 j-1 个元素之间的所有元素
len(l)	返回列表 l 的长度(l 所包含的元素个数)
sum(l)	返回列表 l 中所有数值项的和
max(l)	返回列表 l 的最大数值项
min(l)	返回列表 l 的最小数值项

表 1-9 汇总了适用于列表的常用方法,l 是一个列表。

表 1 - 9　列表的常用方法

方　　法	描　　述
l.append(x)	将元素 x 添加到列表 l 的末尾
l.extend(k)	将列表 k 添加到列表 l 的末尾
l.insert(i, x)	将元素 x 添加到列表 l 的第 i 个位置
l.remove(x)	从列表 l 中删除第一次出现的元素 x

1.6　标准输入输出函数：print 和 input

1.6.1　print

Python 中的标准输出函数是 print()，调用 print() 函数可以将括号中的"内容"（数值、字符串、变量和其他各种表达式）输出到计算机的屏幕。例如：

```
name = "王强。"
print("我的名字叫", name)
```

我的名字叫 王强。

> **注意**
>
> 　　print() 是 Python 中最常用的函数，此处仅涉及其最简单的使用，更多的用法在本书后续内容中会提及。

> **练习**
>
> 　　使用字符串连接操作重写上述代码，消除输出结果中的空格。
>
> ```
> name = "王强。"
> print("我的名字叫" + name)
> ```
>
> 我的名字叫王强。

> **注意**
>
> 　　字符串必须用引号包围起来，不然输出指令会产生一条错误信息，例如：
>
> ```
> print(王强)
> ```
>
> ……

```
NameError: name '王强' is not defined
```
正确做法如下：

```
# 正确的做法
print("王强")
```
王强

如果传递给 print() 的参数是一个算术表达式,那么在输出之前 Python 会对表达式进行赋值(即计算出表达式的值)。例如：

```
print(1 + 2)
```

3

如果想输出文本 1+2,那就需要将其定义为一个字符串。

```
print("1 + 2")
```

1 + 2

1.6.2 input

另一个常用函数是标准输入函数 input(),这个函数的功能与 print() 相反,它用于接收用户的输入(数值或字符串等)。用户输入的内容会被保存到一个变量中,供后续编程使用。格式如下：

var = input("message")

其中,var 存储的是用户输入的变量,"message"是提示用户的信息。例如：

```
age = input("小朋友,你几岁了?")
```

小朋友,你几岁了?

如果要将用户输入的内容显示出来,可以使用"f-字符串"的形式,即 f''(或者 f" ")的形式,用花括号"{ }"将用户输入内容中的变量括起来。例如：

```
age = input("你多大了?")
print(f"哦,你已经{age}岁了。")
```

你多大了? 12

哦,你已经 12 岁了。

例1 计算三角形面积

给定一个三角形的底边长度 b 和底边上的高 h,通过公式

$$S = \frac{b \times h}{2}$$

可以计算该三角形的面积 S。

按此公式编写一个 Python 程序，根据用户输入的底边长 b 和底边上的高 h，计算出三角形的面积。

```
# 求三角形面积的程序 - 错误的版本
b = input("三角形的底边长：")
h = input("三角形的底边上的高：")
A = (1 / 2) * b * h
print(f"三角形的面积为：{A}")
```

......

TypeError: can't multiply sequence by non- int of type 'float'

可以看到，运行上述程序并输入 b 和 h 的值后，程序产生了一条**"类型错误"**（TypeError）信息。因为 input 函数默认用户输入的是字符串而非数值，因此，输入的值无法参与面积公式运算。

使用 type() 函数可以查看输入数据的类型。例如：

```
b = input("三角形的底边长：")
h = input("三角形的底边上的高：")
print(f"b 和 h 的数据类型为：{type(b)},{type(h)}.")
```

三角形的底边长：12
三角形的底边上的高：13
b 和 h 的数据类型为：< class 'str'> ,< class 'str'> .

因此，要正确计算三角形的面积，需要对用户输入的数据进行类型转换。例如：

```
# 求三角形面积的程序 - 修改的版本
b = input("三角形的底边长：")
h = input("三角形的底边上的高：")

# 先将输入转换为浮点值再进行计算
A = (1 / 2) * float(b) * float(h)

print(f"三角形的面积为：{A}")
```

三角形的底边长：12
三角形的底边上的高：13
三角形的面积为：78.0

当然，也可以在获取输入数据后就转换类型，然后进行计算。

```
# 求三角形面积的程序 - 修改的版本
b = float(input("三角形的底边长："))
h = float(input("三角形的底边上的高："))


# 先将输入转换为浮点值再进行计算
A = (1 / 2) * b * h


print(f"三角形的面积为：{A}")
```

三角形的底边长：12
三角形的底边上的高：13
三角形的面积为：78.0

例2　温度转换

本例实现摄氏温度与华氏温度的相互转换。我们知道，摄氏与华氏是计量物体温度的两种不同标准，它们之间可以通过以下公式进行转换：

$$摄氏温度 = \frac{5}{9}(华氏温度 - 32).$$

根据这个公式，可以用 Python 编写将华氏温度转换为摄氏温度的程序。

```
# 温度转换：华氏 - > 摄氏
hf = float(input("请输入一个华氏温度值："))
cf = 5 * (hf - 32) / 9
print("对应的摄氏温度为：", cf)
```

请输入一个华氏温度值：23
对应的摄氏温度为：-5.0

第二章　Python 编程进阶

本章主要介绍 Python 语言的控制结构、高级数据类型、自定义函数等。

- Python 语言的基本控制结构，包括分支结构和循环结构。
- Python 语言中的高级数据类型，包括元组和字典。
- Python 语言中定义函数、类，以及构建并导入自定义模块和库的基本方法。

这些知识是 Python 面向对象编程的基础，本书主要通过编程实例来加以说明，并不展开阐述。

2.1　分支结构

到目前为止，我们遇到的程序都是顺序结构，即程序按照语句出现的先后顺序逐条执行，并在执行完所有语句后结束。而**分支**结构的程序则能跳出顺序执行的约束，根据条件选择，决定运行哪些语句。条件语句便是用于产生分支结构程序的一种语句。

2.1.1　条件语句

条件语句基于一定的逻辑条件来决定是否运行一个特定的程序块。一个条件语句通常包括三个部分：

- 测试条件：一个布尔表达式(逻辑条件)，其取值为 True 或者 False。
- 代码块：当测试条件取值为 True 时所执行的代码。
- 可选代码块：当测试条件取值为 False 时所执行的代码。

当条件语句执行完毕后，程序会接着执行其后面的语句(如果还有的话)。

Python 中的条件语句包括：

- if 语句。
- else 语句。
- elif 语句。
- try 语句。

- except 语句。

1. if 语句

只有一条 if 语句的分支结构是 Python 语言中最基本的**条件-分支**程序，其语法如下：

if < 逻辑条件 > :

    < 运行的代码 >

其中，**逻辑条件**指逻辑变量或布尔表达式，可以赋值为 True 或 False。而< 运行的代码> 是当逻辑条件为 True 时将要运行的代码。

根据 Python 语法，条件语句后面的代码每一行都必须缩进（一般缩进 4 个空格位），大多数 Python 编程环境（包括 Jupyter Notebook）都会自动完成这个缩进。

```
a = 2
if a < 5:
    print("这是一个小于 5 的数。")
```

这是一个小于 5 的数。

if 语句可以在同一个级别相连（当然也可以嵌套），形成多重 if 语句。

```
a = -2
if a < 0:
    print("一个小于零的数。")
if a == 0:
    print("这个数等于零。")
if a > 0:
    print("一个大于零的数。")
```

一个小于零的数。

从上述代码的对齐方式可以看出：三条 if 语句是互相独立的。程序运行时，无论 a 的值怎样，三条 if 语句都要**独立地**运行一次。上例中，显然后两条 if 语句的执行是多余的。

如果一个大型程序中大量出现以上情况的 if 语句，就可能降低程序的执行效率。因此，一般编程语言都带有某种机制，以防止出现类似的无效执行。

Python 语言中的关键字 pass 就可解决这一问题。如其英文含义一样，pass 代表跳过。

```
a = -2
if a < 0:
    pass
    print("一个小于零的数。")
```

```
if a == 0:
    pass
    print("这个数等于零。")


if a > 0:
    pass
    print("一个大于零的数。")
```

一个小于零的数。

练习

　　将上述代码扩展为具有如下功能的程序：用户输入一个数，程序判断并输出该数是正数、零或者负数的信息。

2. if‑else 语句

简单 if 语句中也可以包含 else 从句，其含义是：

- 如果 if 语句的逻辑条件为 False，程序接着运行 else 后的代码。
- 如果 if 语句的逻辑条件为 True，则跳过 else 后的代码，运行程序随后的代码。

语句 if-else 的一般形式如下。

```
if < 逻辑条件 >:
    < 代码块 1 >
else:
    < 代码块 2 >
```

```
a = 5
if a > 10:
    print("a 是大于 10 的数。")
else:
    print("a 是小于 10 的数。")
```

a 是小于 10 的数。

3. elif 语句

若一段代码中有很多逻辑条件，可以在原本的 if-else 语句中加入 elif 语句（elif 是英文 else if 的缩写），以便根据多种逻辑判断的结果运行不同的代码块。

含有 elif 的条件语句语法如下：

```
if < 逻辑条件 1 >:
```

```
        < 代码块 1 >
    elif < 逻辑条件 2 > :
        < 代码块 2 >
    else :
        < 代码块 3 >
```

```
color = "橙色"
if color == "红色":
    print("方块是红色的。")
elif color == "绿色":
    print("方块是绿色的。")
else :
    print("方块既不是红色的,也不是绿色的。")
```

方块既不是红色的,也不是绿色的。

2.1.2　try-except 语句

try-except 是 Python 中的另一种**条件-分支**程序。与 if-elif-else 语句类似,try-except 语句也是基于一个条件选择执行特定的代码块,但两者不同的是,try-except 语句不是基于某个逻辑条件作选择,而是基于一段代码是否返回错误作选择。

要学会使用 try-except 语句,首先要了解 Python 中的两种错误类型:语法错误和例外错误。

- **语法错误**:代码中包含不符合 Python 语法规定的情况,如变量名非法,字符串没有正确使用引号,等等。

- **例外错误**:Python 解释器无法运行某些代码的情况,即便这些代码可能是合法的 Python 代码。

当出现语法错误时,Python 解释器会显示一些信息,指明出现问题的地方。一般而言,非专业人员很难看懂这些信息,通常只需要关注"SyntaxError:"后显示的内容即可。

例如,下列代码片段中,用中文双引号(全角字符)标识字符串,出现了语法错误。

```
# 语法错误的例子
string = "你好!"
```

……

SyntaxError: invalid character in identifier

例外错误的呈现方式很多,常见的一种例外错误是代码中所要使用的文件不存在或没有找到,导致程序无法执行。

例如,在下面的例子中,程序试图以只读方式(函数中的字符串参数 r)打开一个名为"file.txt"的文件,但在当前目录中并没有这个文件,因此会产生例外错误。

```
# 例外错误的例子
f = open('file.txt','r')
```

......

```
FileNotFoundError: [Errno 2] No such file or directory: 'file.txt'
```

> **练习**
>
> 　　试运行下列代码,看看会出现怎样的错误,这个错误是语法错误还是例外错误? 产生错误的原因是什么?
>
> ```
> # 产生错误的代码
> a = 1.35
> print(a[0])
> ```

　　通常情况下,无论是语法错误还是例外错误,都会使 Python 程序立即停止运行。而使用 try-except 语句可以在 Python 程序产生例外错误的情况下尝试(try 的意思是尝试)继续运行,其一般语法格式如下:

```
try:
    < 尝试运行的代码 >
except:
    < 替代运行的代码 >
```

　　例如,在打开文件的那段代码中,假设文件 file.txt 不存在,为了防止程序终止,可以将打开文件的操作放在 try-except 语句中。如果在运行时无法打开文件,就会显示一段提示信息。

```
try:
    f = open("file.txt","r")
except:
    print("文件不存在!")
```

文件不存在!

> **练习**
>
> 　　利用 try-except 语句,将上一个练习中的代码改为如下形式,并观察运行结果。
>
> ```
> # 运行 try-except 代码块的例子
> try:
>     a = 1.35
> ```

```
    print(a[0])
except:
    print("变量 a 不是一个列表!")
```

如果在 try-except 语句块中，try 后面的代码不产生例外错误，这段代码就会运行下去，不会运行 except 后面的代码。这与 if-else 语句的执行过程类似。

例如，将上述例子中的变量 a 改成一个字符串，则程序会运行 try 语句后面的这段代码。

```
# 运行 try 代码块的例子
try:
    a = "你好!"
    print(a[0])
except:
    print("变量不是一个列表!")
```

你

2.2 循环结构

在任何编程语言中，循环都是一种重要的程序控制结构，主要用于高效地处理各种需要重复运行的场合。不同编程语言中的循环结构在书写上都大同小异。

Python 中的循环语句与其他编程语言中的循环语句在书写上差异不大，使用方式却格外灵活，这也是 Python 适合处理大数据的原因之一。因为处理大数据的程序需要大量的重复过程，而多样、灵活、高效且易用的循环结构能在其中发挥重要的作用。

2.2.1 for 循环

for 循环是几乎所有编程语言都具有的一种语句，用于将一段代码重复运行指定的次数。

1. 简单的 for 循环

Python 中最简单的 for 循环结构如下：

for < 变量 > in range(< 数值 >)：
    < 代码 >

其中< 变量 > 可以是任何合法变量，range(< 数值 >)指示循环要重复运行的次数，< 代码 >部分则是循环中要重复执行的代码块(也称为**循环体**)。例如：

```
# 重复运行一段代码 – 不使用循环的场合
```

```
print("欢迎来到上海!")
print("欢迎来到上海!")
print("欢迎来到上海!")
```

欢迎来到上海!

欢迎来到上海!

欢迎来到上海!

```
# 重复运行一段代码 - 使用 for 循环
for i in range(3):
    print("欢迎来到上海!")
```

欢迎来到上海!

欢迎来到上海!

欢迎来到上海!

> **注意**
>
> for 语句这行的后面要包含一个冒号,并且其后的循环体部分都需要缩进。

2. 使用 range( )的 for 循环

range()函数用于产生一个范围,可供 for 语句确定循环次数。在最简单的情况下,对一个正整数 n,调用函数 range(n)将返回从 0 到 n—1 的一个整数列表。range(n)的这种计数方式与索引方式是一致的。例如:

```
for i in range(3):
    print(i)
```

0

1

2

通过使用三个参数,还可以定制函数 range()的其他使用方式,以满足某些代码片段不同的重复执行方式。

range()的一般使用格式如下:

range(start,stop,step)

三个参数的含义分别为:

- start 表示范围开始的值。
- stop 表示范围结束的值。

- step 表示下次循环所递进的增加值。

如果只使用两个参数,如 range(0, 3),那么默认第三个参数 step = 1。

若只有一个参数,如 range(5),则默认 start = 0, step = 1。

例如,调用 range(3) 相当于调用 range(0, 3, 1),即 start = 0, stop = 3, step = 1。

```
for i in range(5, 39, 3):
    print(i)
```

5
8
11
14
17
20
23
26
29
32
35
38

表 2-1 列举了 range() 函数的几种典型用法。

表 2-1　range() 函数的典型用法实例

调用 range( )	输　　出
range(3)	0, 1, 2
range(0, 3)	0, 1, 2
range(0, 3, 1)	0, 1, 2
range(2, 7, 2)	2, 4, 6
range(0, -5, -1)	0, -1, -2, -3, -4
range(2, -3, 1)	(无输出)

3. 使用列表的 for 循环

此外,还可以使用 for 循环语句遍历列表,此时循环运行的次数与列表中数据项的个数相同。其一般语法格式如下。

for < 变量 > in< 列表 >:

　　< 代码 >

其中,< 变量 > 是指派给列表中数据项的变量名,< 列表 > 是一个列表对象。

循环开始时,< 变量 > 指向< 列表 > 中的第一个数据项。每循环一次,< 变量 > 会移动到下一项,直至到达列表的末尾。例如:

```
我喜欢的学科 = ["数学", "物理", "信息技术"]
for 学科 in 我喜欢的学科:
    print(学科)
```

数学

物理

信息技术

4. 使用字符串的 for 循环

与列表的情况类似,循环体的运行次数与字符串中的字符个数相同。一般语法格式如下:

for < 字符 > in < 字符串 > :

    < 代码 >

其中< 字符 > 代表< 字符串 > 中的一个字符。例如:

```
for 中文字符 in "这是一个字符串。":
    print(f"字符串上的循环：{中文字符}")
```

字符串上的循环：这

字符串上的循环：是

字符串上的循环：一

字符串上的循环：个

字符串上的循环：字

字符串上的循环：符

字符串上的循环：串

字符串上的循环：。

2.2.2 while 循环

与指定循环次数的 for 循环语句不同,while 循环语句依赖某个逻辑条件,当该逻辑条件为 True 时,循环体重复运行,直到逻辑条件变为 False,停止运行。

while 循环的一般语法形式如下:

while < 逻辑条件 > :

      < 代码 >

例如:

```
# while 循环的例子
i = 0
```

```
while i <  4:
    print(i)
    i = i + 1
```

0

1

2

3

while 循环经常用于诊断用户的输入是否合乎要求。在下例中,程序要求用户必须输入一个正数。如果用户输入的数为零或者负数,程序会重复提示用户输入正数。

```
输入计数 = -1
while 输入计数 <= 0:
    用户输入 = input("请输入一个正数: ")
    输入计数 = float(用户输入)
```

请输入一个正数:-5

请输入一个正数:0

请输入一个正数:3

2.2.3 `continue` 和 `break`

在 Python 语言中,关键字 continue 和 break 常用于一些特殊场合下(如强制退出循环)修改 for 或 while 循环的行为或走向。

continue 和 break 的功能类似,都能终止一个循环,但也有区别。continue 用于终止当前循环的剩余语句,然后继续进行下一轮循环,break 用于使程序退出一个循环。

1. `continue`

语句 continue 的代码示例如下,从中可以看出 continue 语句在执行时,终止了当前循环,并从该循环的开始位置重启下一次循环。

```
for i in range(6):
    if i == 3:
        continue
    print(i)
```

0

1

2

4

5

在上述代码中,若循环计数变量 i = 3,则触发执行 continue 语句,程序停止当前的循环(即本次循环不再执行 print(i))并开始下一次循环(i = 4)。于是,最终打印出的数字就少了 3。

2. break

将上述代码与下列使用 break 语句的代码做对比。

```
for i in range(6):
    if i == 3:
        break
    print(i)
```

0

1

2

执行这段代码时,当循环计数变量 i = 3,触发执行 break 语句,循环立即终止,因此最后打印出来的数字停在计数变量 i = 3 之前,即 2。

> **练习**
>
> 根据语句 continue 和 break 的语法特点,画出以上两段代码的流程图。

2.2.4 数值算法

本节我们将利用 Python 的数值数据类型和分支结构,完成两个计算圆周率的基本算法的编程。先完成两个数值计算的编程练习。

> **练习**
>
> (1) 编写一个程序,对于用户输入的正整数 n,该程序计算出和 S_n。
>
> $$S_n = 1 + \frac{1}{2} + \frac{1}{4} + \frac{1}{8} + \cdots + \frac{1}{2^n}.$$
>
> (2) 编写一个程序,用户输入一个正数 R 以后,该程序计算出第一个正整数 n,使得下列算式的和大于 R。
>
> $$1 + \frac{1}{2} + \frac{1}{3} + \frac{1}{4} + \cdots + \frac{1}{n}.$$

> **注意**
>
> 无限和:

$$1 + \frac{1}{2} + \frac{1}{3} + \frac{1}{4} + \cdots$$

又称为**调和级数**,是一个发散到 $+\infty$ 的级数,只要 n 足够大,这个和最终可以大于任何给定的正数。但是,这个级数的发散速度比较慢,在测试程序时最好不要用太大的数 R,否则计算时间会比较长。

1. 使用欧拉公式计算圆周率

圆周率 π 是一个超越数,它不是任何整系数多项式的实根,同时 π 也是一个无理数,因此无法给出一个完全精确的值,但可以使用一些包含 π 的公式,来计算出圆周率 π 的近似值,并估计近似值的精确度。

事实上,没有能够用来计算 π 任意精度近似值的简单公式,通常的近似计算都是通过 π 的某种级数或极限形式表示来完成的。

数学家欧拉在 1735 年提出了如下公式

$$\frac{\pi^2}{6} = 1 + \frac{1}{2^2} + \frac{1}{3^2} + \frac{1}{4^2} + \cdots$$

稍加变形给出

$$\pi = \sqrt{6 \times \left(1 + \frac{1}{2^2} + \frac{1}{3^2} + \frac{1}{4^2} + \cdots\right)}.$$

利用这个公式可以编写一个计算 π 值的程序,计算任意给定精度范围内 π 的近似值。

```
# 导入平方根函数
from math import sqrt
# 设置终止累加项的阈值: 当和的新增项小于阈值时, 求和过程结束
theta = 0.0000000001
```

> **注意**
>
> 因为不知道 π 的准确值,我们无法使用 π 值与计算出的近似值之间的差作为误差项。于是,我们转而使用级数的增加项 $\left(\text{即} \frac{1}{n^2} \text{项}\right)$ 作为近似值精度的一个间接判断依据:当和的增加项 $\frac{1}{n^2}$ 小于给定的阈值 θ 时,说明其后的各求和项对最终值的贡献过于微小,可以忽略不计。显然,这种判断计算 π 值精度的方法不会很准确。

有了上述这些准备,可以编写如下程序:

```
# 初始化和、设置一般和项
pi_sum = 0
item_sum = 1
i = 1


# 重复求和,直到新增项的值不超过阈值
while item_sum > theta:
    pi_sum = pi_sum + item_sum
    i = i + 1
    item_sum = 1 / (i * i)
pi = sqrt(6 * pi_sum)

print("pi 的近似值为", pi)
```

pi 的近似值为 3.141583104230963

> **练习**
>
>   修改上述代码,增加用户输入功能,使程序根据用户输入的阈值计算圆周率。

2. 使用蒙特卡洛方法计算圆周率

蒙特卡洛方法是一类通过随机量的分布进行估值的方法,经常用于计算或估计某些难以直接计算的值或量。

圆周率是圆的面积与半径平方之比。圆周率的值与圆半径长度无关,因此,我们可以选择单位圆(半径为 1 的圆)来实施计算。

图 2-1 所示,用 S_{circle} 和 S_{square} 分别表示右上角的四分之一圆扇形的面积和单位正方形的面积,根据圆面积公式和 π 的定义,有:

$$\pi = 4 \times \frac{S_{circle}}{S_{square}}.$$

假设在单位正方形中随机丢下 n 个点,落在四分之一圆扇形中点的个数为 m,则:

$$\frac{S_{circle}}{S_{square}} \approx \frac{m}{n}.$$

可得:

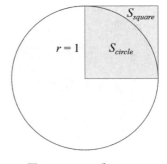

图 2-1 S_{circle} 和 S_{square}

$$\pi \approx 4 \times \frac{m}{n}.$$

因此,可以使用这个公式来估计 π 的近似值。并且 n 的值越大,结果越准确。

以上就是使用蒙特卡洛方法计算圆周率的基本思想,用程序实现这个计算的过程如下:

```python
# 从 Python 标准库 random 中导入生成随机数函数
from random import random

# 指定正方形中的随机点个数
n = int(input("请输入投掷的点数："))

# 计算落在扇形区域中点的个数
m = 0

for i in range(n):
    # 随机生成单位正方形中点的坐标(random()函数产生 0 到 1 之间的一个随机数)
    x, y = random(),random()

    # 判断该随机点是否落在扇形中
    if x ** 2 + y ** 2 < 1:
        m = m + 1

pi = 4 * (m / n)
print("圆周率的近似值为： ", pi)
```

请输入投掷的点数：12345678

圆周率的近似值为：3.1425300416874635

提示

(1) 蒙特卡洛方法基于随机现象,因此即使用户输入相同的投掷点个数 n,每次计算的结果也会不同。如果 n 的值不够大,计算结果的波动就会比较大,但对于较大的 n 值(如超过数千万),计算结果会逐渐趋于稳定。

(2) random 也是 Python 标准库中的一个模块,它包含与随机数相关的函数。

(3) 对于较大的 n 值(如 1 000 000 000),计算过程会比较慢。

练习

(1) 使用蒙特卡洛方法,如何判断计算结果的精度?

（2）（蒙特卡洛平均值方法）给定一组整数 n_1，n_2，...，n_k，并分别由蒙特卡洛方法计算出圆周率近似值 p_1，p_2，$\cdots$，p_k。则均值

$$p = \frac{p_1 + p_2 + \cdots + p_k}{k}$$

也是 π 的一个近似值。编写一个 Python 程序实现这个算法，并从精度和执行时间两方面，将其与原始的蒙特卡洛方法进行比较。

2.3　数据类型：字典和元组

本节介绍 Python 的两种高级数据类型：字典（dict）和元组（tuple）。

2.3.1　字典

字典是由若干大括号包围起来的"关键词：值（key：value）"对构成，这种"关键词：值"对在字典中的前后位置无关紧要。

在 Python 中，列表元素是基于位置（索引）来组织和访问的，而字典则基于"关键词：值"来组织并访问元素。

下列代码片段创建了一个简单字典：

```
# 定义一个字典对象(变量)
儿童年龄 = {"军军": 8, "丽丽": 6}

# 检查该变量的类型
type(儿童年龄)
```

dict

1. 字典操作

存储在字典中的值可以通过关键词来访问。

```
儿童年龄["丽丽"]
```

6

可以为已经存在的字典加入新的"关键词：值"对，从而扩充字典的内容。

```
儿童年龄["涛涛"] = 7
儿童年龄
```

{'军军': 8, '丽丽': 6, '涛涛': 7}

也可以调用 pop() 方法从一个字典中除去某些项。

```
儿童年龄.pop("军军")
儿童年龄
```

{'丽丽': 6, '涛涛': 7}

通过调用 items(),keys() 和 values() 方法,可以将字典分别转换为关键词:值对、关键词和值的列表。例如:

```
# 转换为关键词- 值对的列表
字典的关键词值对列表 = list(儿童年龄.items())
字典的关键词值对列表
```

[('丽丽', 6), ('涛涛', 7)]

```
# 转换为关键词的列表
字典的关键词列表 = list(儿童年龄.keys())
字典的关键词列表
```

['丽丽', '涛涛']

```
字典值的列表 = list(儿童年龄.values())
字典值的列表
```

[6, 7]

2. 集合

集合(set)对象可以看成是一种特殊的字典,即关键词(key)均为空,仅有值(value)的字典。此外,像数学中使用的集合概念一样,一个集合对象中不能包含重复的元素。

下列代码片段演示了由列表(可能包含重复的元素)创建集合及一些简单集合的操作。

```
一个列表 = [8, -1, 3, -1, 0, 9, -11]

# 创建一个集合对象,只包含来自原来列表中的唯一元素
```

```
一个集合 = set(一个列表)

一个集合
```

{-11, -1, 0, 3, 8, 9}

```
# 返回集合中元素的个数
len(一个集合)
```

6

一旦定义了集合,就可以对集合进行一些运算和操作。

例如,关键词 in 可以用于检查元素(值)是否在一个集合中,如果元素在集合中则返回 True,否则返回 False。

```
-11 in 一个集合
```

True

```
11 in 一个集合
```

False

2.3.2　元组

元组是内容不可更改的列表。列表的元素可以修改,但元组中的元素只能访问,不能修改。在 Python 中,元组中的所有元素用括号括起来,元素间用逗号分隔。

```
# 定义一个元组变量
元组变量= (1, 2, 3)


# 显示该变量的类型
type(元组变量)
```

tuple

```
# 显示元组变量的内容
元组变量
```

(1, 2, 3)

```
# 定义一个列表变量
```

```
列表变量 = [3, 4, 5]


# 修改列表变量中的某个元素
列表变量[0] = 8
列表变量
```

```
[8, 4, 5]
```

元组的元素是不可更改的,如果想尝试为元组中的元素指派一个新值,那么将会产生"类型错误"(TypeError)信息,它表示元组这种数据类型的对象不支持更改其元素。

```
元组变量[0] = 8
```

……

```
TypeError: 'tuple' object does not support item assignment
```

如果要创建仅包含一个数值的元组,就必须在该数值的后面添加一个逗号,如果没有这个逗号,所定义的内容就是一个数(与不带括号一样)。例如:

```
# 不加逗号的单一数值就是数值变量
数值变量 = (5)
type(数值变量)
```

```
int
```

```
# 加上逗号则定义单个元素的元组
元组变量 = (5,)
type(元组变量)
```

```
tuple
```

2.3.3 数据类型小结

下面我们总结一下到目前为止所学过的 Python 数据类型以及常用的操作。

1. 内建数据类型

Python 中内建数据类型及描述如表 2-2 所示。

表 2-2　Python 内建数据类型及其描述

Python 内建数据类型	描　　述
int	整数
float	浮点数
bool	布尔值 True 或 False
complex	复数(带有实部和虚部)
str	字符串(字母、数值及符号的序列)
list	列表
dict	字典
tuple	元组

2. 作用于数据类型的函数

作用于数据类型的函数及其描述如表 2-3 所示。

表 2-3 作用于数据类型的函数及其描述

函 数	描 述
type()	输出一个变量或对象的数据类型
len()	返回一个字符串的长度
str()	将 float 或 int 类型转换为 str 类型
int()	将 float 或 str 类型转换为 int 类型
float()	将 int 或 str 类型转换为 float 类型

3. 列表算符操作实例

假设有列表 lst = [2, 4, 6, 8]，其算符操作如表 2-4 所示。

表 2-4 列表算符操作实例

算 符	描 述	实 例	结 果
[ ]	索引	lst [1]	4
:	开始	lst [:2]	[2, 4]
:	结束	lst [2:]	[6, 8]
:	中间	lst [1:3]	[4, 6]
:	开始:结束:步长	lst [0:4:2]	[2, 6]

2.4 函数与模块

在 Python 语言中，**函数**的种类包罗万象，任何可以复用的代码片段都能成为函数，并通过函数名来调用。**调用**就是运行构成函数的代码。

在 Python 程序中，可以在任何位置调用函数，包括在其他函数的内部调用。使用函数的好处主要体现在以下三个方面：

- 使用函数可以让相同的代码片段运行多次（便于复用）。
- 使用函数可将大程序分解为多个较小的组件（分而治之）。
- 可以与其他编程者共享函数（鼓励共享）。

在 Python 语言中，任何函数都必须有一个**名字**，即函数名，程序通过函数名调用函数（这种机制称为**传名调用**）。函数可以接收来自程序其他部分的输入，这些输入称为**输入参量**，或简称为**参量**。函数还能产生输出，可以将函数的输出指派给一个变量，以供程序使用，此时称函数返回了一个输出。

模块就是函数库，即由若干函数所构成的可复用代码组件。与模块类似的术语还有"库"和"包"等，这些概念的详细界定和区分请读者参考其他文献。

2.4.1 定义 Python 函数

在 Python 中定义函数至少需要两行:一行用于定义函数名,一行用于返回(输出)。定义函数的一般格式如下:

```
def function_name(arguments):
    < code >
    return output
```

其中:

- 关键词 def 用于声明函数,告诉 Python 解释器其后将跟随一个函数的定义。
- def 后的 function_name 是待定义的函数名。函数命名的规则与变量名类似,但习惯上 Python 函数名以小写字母开头,因为在 Python 中,用大写字母开头的名字通常用于**类**的命名。
- (arguments) 括号中的部分是函数的参量(也称为参数)。参量名仅限于函数体内(即 < code > 部分)使用。理论上,一个函数的参量可以有任意多个。此外还要注意,在任何函数的定义中,冒号是必不可少的,否则函数体中的代码不会运行。
- < code > 部分是函数体,即函数被调用时要运行的代码。函数参量所声明的变量都可以用在函数体中,函数体中所使用的任何变量都是**局部变量**,它不能被调用或由其他外部代码直接访问。
- return output 通常是函数定义的最后一行,关键词 output 指示函数的输出,它可以是一个值、一个简单表达式,甚至是包含多个变量的任意复杂表达式。

以下是一个**用户定义函数**的例子。

```
def 加倍(n):
    输出 = 2 * n
    return 输出
# 通过函数名调用刚刚定义的函数
加倍(7)
```

14

在接下来的例子中,将之前计算三角形面积的例子改写为一个更为通用的形式。即定义一个函数,它接收三角形的底边 b 和底边上的高 h 作为两个参量,然后该函数根据面积公式 $A = \frac{1}{2}b \times h$ 返回三角形的面积,当需要计算三角形的面积时,直接调用该函数即可。

```
# 计算三角形面积的函数
def 三角形面积(底边长, 底边上的高):
    面积 = 0.5 * 底边长 * 底边上的高
    return 面积
```

```
三角形面积(5, 4)        # 使用具体的参量值调用函数
```

```
10.0
```

默认参量值

可以为函数的某些(或全部)参量指定默认值：在调用该函数时，如果不为这些参量提供具体的值，会使用默认值。指定默认值的一般格式如下：

```
def function_name(arugment1 = default_value, arguemnt2 = default_value):
    < code >
    return output
```

例 求自由落体下落的距离。

自由落体下落的距离与时间 t 之间的关系可以表示为下列公式：

$$d(t) = \frac{1}{2}gt^2.$$

其中 $d(t)$ 为随时间变化的下落距离，g 为引力常数。在地球上 $g = 9.81 \text{ m/s}^2$，在月球上 $g = 1.625 \text{ m/s}^2$。

定义一个计算自由落体下落距离的函数，默认情况下计算的是地球上自由落体的下落距离，但同时该函数也适用于其他星体自由落体的计算。

以下代码是函数的一种实现。

```
def 自由落体距离(t, g = 9.81):
    d = 0.5 * g * t ** 2
    return d
```

```
自由落体距离(0.3)
```

```
0.44145
```

> **练习**
>
> 如果计算月球上自由落体的下落距离，该如何调用上述函数？

2.4.2 将函数写入模块

当用户定义的函数较多时，将每个函数的代码都列在主程序中显然很不方便。此时，可将用户定义的函数代码汇集在一起，并存在一个文件中，这个文件称为**模块**。例如，将之前定义的两个函数三角形面积()和自由落体距离()汇集在一起，建立一个名为 user_functions.py 的文件，然后使用指令 import 将其作为一个外部模块导入 Python 程序中。

注意

用户模块文件必须以".py"为扩展名,否则将无法导入。

以下代码是文件 user_functions.py 中的具体内容:

```
%% writefile user_functions.py


# 将若干函数写入模块文件的例子
def 三角形面积(底边长, 底边上的高):
    面积 = 0.5 * 底边长 * 底边上的高
    return 面积


def 自由落体距离(t, g = 9.81):
    d = 0.5 * g * t ** 2
    return d
```

Overwriting user_functions.py

上述代码单元中的`%% writefile`是一条**魔法**(magic)指令。魔法指令是可以在 Jupyter Notebook 的代码单元中使用的系统级指令,类似于在命令行窗口中所使用的指令。

Jupyter Notebook 中的魔法指令有两种形式:

- 以一个百分号(`%`)开始的指令,其后只能有一行代码(**单行魔法指令**)。
- 以两个百分号(`%%`)开始的指令,后面可以是整个单元的代码块(**单元魔法指令**)。单元魔法指令必须写在代码单元的第一行。

例如,在上述代码单元中使用的`%% writefile`是一个单元指令,即将当前单元中的所有代码写到指定的文件中。

现在,便可以将模块 user_functions.py 导入到任何需要它的程序中,就像前面导入标准库中的模块一样。

注意

虽然模块文件的扩展名为".py",但是导入模块时却不用带扩展名。

```
# 导入并调用自定义模块
import user_functions


user_functions.三角形面积(3, 8)
```

```
12.0
```

练习

为模块 user_functions.py 起一个别名并导入模块,如下所示:

```
# 别名导入
import user_functions as uf


uf.三角形面积(3, 8)
```

```
12.0
```

2.4.3 函数定义中的 docstrings

在编程中,许多代码经常为其他人所共享并使用,因此,有必要对这些代码进行适当说明。

Python(以及其他编程语言)中的注释(以 # 开始的行)为代码提供说明,但这种说明仅限于一行,当需要进行多行注释时,代码就显得过于凌乱和烦琐。这时可使用 docstrings(文档字符串)。docstrings 是用三层引号(单引号或双引号)包围起来的注释,其中可以包含多行文字解释。

使用 docstrings 方式的注释经常用于函数或类的定义中,给出关于该函数或类的足够信息。docstrings 的一般用法如下:

```
def function_name(arguments):
    """
    docstring 文本
    ......
    ......
    """
    < code >


    return output
```

其实在 Python 的标准库,以及其他扩展模块的大多数函数定义中,都包含这样的说明文本。例如,针对某函数调用 Python 的内建函数 help(函数名)(括号内的函数名作为参量),就会显示出该函数定义的 docstrings 文本。从这些文本信息中,可以了解到该函数的名称、基本功能、输入参量、输出类型、基本调用方法和可选关键词参量,等等。例如:

```
# 显示 print 函数的 docstrings
help(print)
```

```
Help on built- in function print in module builtins:

print(...)
    print(value, ..., sep= ' ', end= '\n', file= sys.stdout, flush= False)


    Prints the values to a stream, or to sys.stdout by default.
    Optional keyword arguments:
    file: a file- like object (stream); defaults to the current sys.stdout.
    sep:  string inserted between values, default a space.
    end:  string appended after the last value, default a newline.
    flush: whether to forcibly flush the stream.
```

如果自定义函数中不包含 docstrings 文本，调用 help() 函数将只显示函数名及单行注释。例如：

```
help(uf.三角形面积)
```

Help on function 三角形面积 in module user_functions:
三角形面积(底边长，底边上的高)
    ♯ 将若干函数写入模块文件的例子

> **练习**
>
> 请利用 docstrings 为上文自定义模块"user_functions.py"中的两个函数增加以下文字说明：
> - 函数功能的简要说明。
> - 函数接收的输入。
> - 函数输出。
> - 如何调用该函数的一个实例。

2.4.4　Python 中的匿名函数

Python 是一种函数式编程语言。**函数式编程**指的是一种编程风格，其主要特征是将程序对任何数据的操作视为一种函数计算（**函数赋值**）。LISP 语言是最早的纯函数式编程语言。

函数式编程语言具有某些独特的优势，因此大多数现代编程语言和一些较古老编程语言的现代版本都具有函数式编程的一些特性，即使这些编程语言不算是纯粹的函数式语言。

函数式编程语言中的函数概念比普通编程语言中的函数概念要更宽泛、更灵活，也更"纯粹"。函数式编程语言的这种纯粹性主要是基于一种称为 **λ-演算**（lambda calculus）的理论计算模型，这种模型表明,使用适当定义的纯函数演算也能完成其他计算模型能完成的所有操作。

　　Python 语言中的 lambda 函数实现了 λ-演算中最简单、最基础的纯粹函数概念,这种函数无须专门命名(所以也称为**匿名函数**),可以接受其他函数(包括自己)作为输入/输出。另一方面,Python 所实现的 lambda 函数比较简单,应用中也有很多限制,因此 Python 还不能算作完全的函数式编程语言。lambda 函数常用于没必要单独定义函数的情况。例如,在一段代码中仅使用一次的简单函数,若用标准方式定义这个函数会显得很烦琐。

　　Python 中定义 lambda 函数的语法非常简单,只须在关键词 lambda 的后面直接跟上参量(可以任意多个)、冒号和函数表达式。

　　lambda 参量 [参量 2, ... , 参量 n]:(涉及参量的) 表达式

　　例如:

```
# 使用关键词 def 定义函数的标准方法
def 求和函数_1(a, b):
    return a + b
```

```
# 可用函数名重复调用
求和函数_1(20, 30)
```

50

```
# 代码中仅需要进行一次性求和计算,使用 lambda 函数
求和函数_2 = lambda a, b: a + b
```

```
求和函数_2(20, 30)
```

50

　　表面上看,上述两种调用函数的方法似乎没有区别,但实际上,两者有所不同。例如,在第二种定义中,函数名"求和函数_2"是可以缺省的(因此称为匿名函数),即凡须调用函数名"求和函数_2"的场合,原则上都可以直接用函数定义体替代。特别地,还可以将函数定义体部分直接作为参量进行传递。

　　以下代码演示了匿名函数的这种调用方法。

```
# 求两个数的和可以这样调用
求和函数_2(20, 30)
```

50

```
# 也可以不用函数名,直接将参量传递给函数体
(lambda a, b: a + b) (20, 30)
```

```
def 求和函数_3(a, b, 求和函数_2):
    print("a = ", a)
    print("b = ", b)
    print("a 与 b 的和为", 求和函数_2(a, b))
```

```
# 在函数中传递函数名(传名调用)
求和函数_3(20, 30, 求和函数_2)
```

a = 20

b = 30

a 与 b 的和为 50

```
# 在函数中直接传递函数体(无须函数名)
求和函数_3(20, 30, lambda x, y: x + y)
```

a = 20

b = 30

a 与 b 的和为 50

　　匿名函数在使用中也会带来一些困扰。例如,过度使用会降低代码的可读性。因此,除非确实有必要,一般不建议初学者使用匿名函数。

2.4.5　函数与模块小结

　　定义 Python 函数、模块及导入时所使用的若干命令如表 2-5 所示。

表 2-5　命令及描述

命　　令	描　　述
def	定义一个函数
lambda	定义匿名函数
return	定义函数输出的表达式或值
import	导入一个模块或 .py 文件
from	从一个模块 .py 文件导入函数或类
as	为导入的函数、方法或类起一个别名
"""　"""	定义文本字符串 docstrings

第三章　Python 数据分析基础

本章将介绍 Python 数据处理及分析的基础编程，主要是与 Python 数据分析有关的两个 Python 扩展库：NumPy 和 Pandas。尽管 NumPy 和 Pandas 都不是 Python 标准库的一部分，但是这两个库（及相关的依赖库）事实上已经成为数据分析应用的官方库，也成为 Python 数据科学应用的基石。

许多流行的第三方专业 Python 扩展库，包括本书后续章节将会用到的绘图及可视化扩展库 Matplotlib 和符号数学扩展库 SymPy 等，与这两个库都有千丝万缕的关联（或者强烈依赖，或者紧密集成）。

- 由于带有一个丰富的、能高效地操作多维数组的高阶数学函数库，NumPy 在 Python 基础上，扩展了对大型多维数组（包括二维数组矩阵）的支持。
- NumPy 为 Python 中大多数涉及数据操作、数据计算及机器学习的扩展库提供了底层支持，因此，适当了解 NumPy 的知识是非常必要的。
- Pandas 是 Python 做数据分析的一个扩展库，它提供了专门为简易和直观处理"关系型"（二维表格）或者"标记型"数据（一维标记数列）而设计的特殊数据结构，可快速灵活地处理各种类型的数据文件，包括 SQL 表格文件、Excel 电子表格文件及 CSV 文件等。
- Pandas 中的数据清洗、切片及分组等功能是 Python 能够灵活高效地操作各种数据的关键。

3.1　NumPy

数组（array）是 NumPy 中最关键的概念之一，其数据类型称为 ndarray（英文 n-dimensional array 的缩写，意思是"n 维数组"），一个 NumPy 数组中的所有元素必须是相同类型的。

具体地讲，一个 ndarray 类型的对象（即 NumPy 数组）代表一个固定大小、多维、齐次的（即同类型的）项目所构成的元素组。NumPy 中用于索引数组的正整数元组称为**轴**（axes），轴的个数就是该数组的**维度**（也称为维数或秩）。NumPy 提供了大量可一次性操作整个数组中所有元素的函数，这些函数通常比使用 Python 原生函数操作列表的效率要高。

如其他扩展库一样，在使用 NumPy 之前，必须用 import 语句将 NumPy 库导入到编程环境中，

按照惯例,还可以使用 NumPy 的别名 np。格式如下:

```
# 导入 numpy,别名为 np
import numpy as np
```

3.1.1 创建 NumPy 数组

有很多方法可以用于创建 NumPy 数组,最基本的方法是使用 NumPy 的内建函数。

1. 使用 arange( )创建范围数组

可以使用 NumPy 的 arange()函数在给定的区间范围内创建一个等间距的数组。例如:

```
整数范围数组 = np.arange(10)        # 创建从 0 到 10(不包括 10)的一个范围数组
print(整数范围数组)
```

[0 1 2 3 4 5 6 7 8 9]

除了这种基本的方法,还可以给函数 arange()的参量指定一些可选的属性,如步长、数据类型等。例如:

```
# 创建从 0 到 10(不包括 10)的整数范围,步长为 2
带步长的整数范围数组 = np.arange(start = 0, stop = 10, step = 2, dtype = 'int ')

print(带步长的整数范围数组)
```

[0 2 4 6 8]

一般情况下,传递给 arange()函数参量的属性是自适应的,即使不加属性名字也能够自动推断出来。如在上例中可以不写出参量名称。此外,指定的范围及步长中若有一个是浮点型值,即使不使用属性参量 dtype = float,也会自动产生一个浮点型数组。例如:

```
# 创建从 0 到 10 的一个浮点数范围,步长为 0.5
带步长的浮点数范围数组 = np.arange(0, 10, 0.5)
print(带步长的浮点数范围数组)
```

[0. 0.5 1. 1.5 2. 2.5 3. 3.5 4. 4.5 5. 5.5 6. 6.5 7. 7.5 8. 8.5 9. 9.5]

2. 显示 NumPy 数组的属性

对于已创建好的 NumPy 数组对象,可以使用一些方法显示数组的各种属性。其中三个最常用的属性查看方法如下:

- ndim():显示数组的维度(或轴的个数)。
- shape():显示数组的形状(包括数组维度和每个维度上元素的个数)。
- size():显示数组的大小(数组中元素的数目)。

```
print(整数范围数组.ndim), print(整数范围数组.shape), print(整数范围数组.size);
```

1

(10,)

10

如上例中所显示的信息,我们的数组对象"整数范围数组"是一维的,其形状为(10,),意思是该数组为一维数组(维数不显示出来),有 10 个元素。

3. 使用 zeros( )创建全零值数组

使用 zeros( )函数,可以创建一个填满 0 的指定维度和形状的数组。例如:

```
一维全零数组 = np.zeros(5)        # 创建一个都是 0 的数组

print(一维全零数组)
print(一维全零数组.shape)
```

[0. 0. 0. 0. 0.]

(5,)

```
二维全零数组 = np.zeros((2, 3))        # 创建一个都是 0 的 2 行、3 列二维数组

print(二维全零数组), print(二维全零数组.shape)
```

[[0. 0. 0.]

 [0. 0. 0.]]

(2, 3)

与 zeros( )类似的一个函数是 ones( ),它的功能是创建一个填满 1 的指定维度和形状的数组。

4. 使用 full( )创建相同值数组

如果想用一个指定的数(不必是 0)来填满整个数组,可以使用 full( )函数。例如:

```
填满一个数的数组 = np.full((2, 3), 8)        # 用 8 填满一个形状为(2, 3)的数组
print(填满一个数的数组)
```

[[8 8 8]

 [8 8 8]]

5. 使用 eye( )创建单位矩阵

在涉及矩阵(即二维数组)运算时,经常需要创建单位矩阵,即只有主对角线上的元素为 1,其余位置上的元素均为 0 的二维数组。在 NumPy 中,可以使用 eye( )函数来完成。例如:

```
四阶单位矩阵 = np.eye(4)        # 创建一个 4x4 的单位矩阵
print(四阶单位矩阵)
```

```
[[1. 0. 0. 0.]
 [0. 1. 0. 0.]
 [0. 0. 1. 0.]
 [0. 0. 0. 1.]]
```

在以上几个函数中，如果要指定所创建数组中元素的数据类型，可使用属性参量 dtype。例如以下代码：

```
四阶整型单位矩阵 = np.eye(4, dtype = 'int')        # 创建一个 4x4 的整数型单位矩阵
print(四阶整型单位矩阵)
```

```
[[1 0 0 0]
 [0 1 0 0]
 [0 0 1 0]
 [0 0 0 1]]
```

6. 创建随机数数组

要创建一个用随机数填满的数组，可以使用 random() 函数，这个函数来自 Numpy 的 random 模块。例如：

```
随机数数组 = np.random.random((2, 4))   # 带有随机值(在范围[0.0, 1.0]内)的 2 行 4 列数组
print(随机数数组)
```

```
[[0.28163028 0.2955566 0.34532784 0.80386192]
 [0.67077075 0.6617618 0.52139717 0.85194722]]
```

7. 使用 Python 列表创建数组

创建 NumPy 数组的另一种常用方法是通过 Python 列表，即使用 NumPy 中的函数 array() 将列表直接转换为数组。

```
一个 Python 列表 = [[1, 2, 3, 4, 5],
                  [2, 3, 4, 5, 6],
                  [3, 2, 1, 6, 5],
                  [5, 6, 4, 3, 1]]


转换的 NumPy 数组 = np.array(一个 Python 列表)
```

```
print(转换的 NumPy 数组.ndim)
print(转换的 NumPy 数组.shape)
print(转换的 NumPy 数组.size)
```

2

(4, 5)

20

练习

    1. 请解释上述 Python 代码的含义。

    2. 如要将上述"一个 Python 列表"转换为由浮点数所构成的同形状 NumPy 数组,应如何修改代码?

3.1.2 NumPy 数组的索引、切片、重塑与计算

1. 简单索引

NumPy 数组中元素或元素组的索引及访问方法与 Python 列表的索引及访问方法类似。例如:

```
一个 Python 列表 = [1, 2, 3, 4, 5]
转换的 NumPy 数组= np.array(一个 Python 列表)
print(转换的 NumPy 数组[0])
print(转换的 NumPy 数组[1])
```

1

2

```
print(转换的 NumPy 数组[-1])
print(转换的 NumPy 数组[-2])
```

5

4

下列代码先通过两个 Python 列表创建一个二维数组,然后对其中某些元素进行访问。

```
第二个 Python 列表 = [6, 7, 8, 9, 0]
转换的二维 NumPy 数组 = np.array([一个 Python 列表, 第二个 Python 列表])
print(转换的二维 NumPy 数组)
print(转换的二维 NumPy 数组.shape)
print(转换的二维 NumPy 数组[0, 0])
```

```
print(转换的二维 NumPy 数组[0, 1])
print(转换的二维 NumPy 数组[1, 0])
```

```
[[1 2 3 4 5]
 [6 7 8 9 0]]
(2, 5)
1
2
6
```

除使用索引访问数组中元素外，还可以使用列表作为索引访问数组中指定位置的元素，如下例代码所示：

```
print(转换的 NumPy 数组[[2, 4]])
```

```
[3 5]
```

```
print(转换的二维 NumPy 数组[[0, 1], [1, 3]])
```

```
[2 9]
```

2. 布尔索引

布尔索引是一种基于逻辑条件确定 NumPy 数组中特定元素位置的方法，例如：

```
print(转换的 NumPy 数组 > 2)     # 返回数组中所有大于 2 的元素位置
```

```
[False False True True True]
```

上述代码运行的结果为产生一个包含布尔值的列表（长度与原数组相同），该列表中的元素指出"转换的 NumPy 数组"中大于 2 的元素（相应的列表位置为 True）和不大于 2 的元素（相应的列表位置为 False）。将所得到的列表用作原数组的索引，可得到如下结果。

```
print(转换的 NumPy 数组[转换的 NumPy 数组 > 2])
```

```
[3 4 5]
```

布尔索引在有些场合下非常有用，例如：

```
一个整数范围的数组 = np.arange(20)
print(一个整数范围的数组)
```

```
[0 1 2 3 4 5 6 7 8 9 10 11 12 13 14 15 16 17 18 19]
```

如果想检索该数组中的所有奇数（用 2 除后余数为 1），只须使用如下的布尔索引。

```
数组中的奇数 = 一个整数范围的数组[一个整数范围的数组 % 2 == 1]
print(数组中的奇数)
```

[1 3 5 7 9 11 13 15 17 19]

3. NumPy 数组的切片

NumPy 数组的切片操作方法类似于 Python 列表。对于一维数组,切片的基本语法为:

`[start:stop]`

而对于二维数组,切片语法则为:

`[start:stop, start:stop]`

其中逗号前的一组值为行的索引范围,逗号后的一组为列的索引范围,例如:

```
一个二维 NumPy 数组 = np.array([[1, 2, 3, 4, 5],
                             [ 4, 5, 6, 7, 8],
                             [ 9, 8, 7, 6, 5]])
print(一个二维 NumPy 数组)
```

[[1 2 3 4 5]

 [4 5 6 7 8]

 [9 8 7 6 5]]

如果要抽取上述数组的最后两行和前三列的交叉部分,可以使用如下切片:

```
第一个切片 = 一个二维 NumPy 数组[1:3, :3]
print(第一个切片)
```

[[4 5 6]

 [9 8 7]]

上述例子中切片索引[1:3, :3]意味着要抽取从行索引1(第 2 行)到行索引2(索引 3-1),从列索引 0 到列索引 3(但不包含索引 3)列的交叉部分。又如,下例切片选择的是数组中最后两行与最后两列的交叉部分。

```
第二个切片 = 一个二维 NumPy 数组[-2:,-2:]
print(第二个切片)
```

[[7 8]

 [6 5]]

> **注意**
>
> 多维数组的切片操作中,结束索引比较容易混淆的地方是,如果结束索引值为正,切片结果不包括最后的值;如果结束索引值为负,切片结果包括最后的值。

4. NumPy 数组的重塑

　　数组重塑(reshape)指的是更改数组的维度。使用 reshape() 函数可以将一个数组重塑为另一个维度的数组。在下例中,对一个二维数组进行了重塑。

```
原始二维数组 = np.array([[1, 2, 3, 4],
                        [4, 5, 6, 7],
                        [9, 8, 7, 6]])
print(原始二维数组)
print(原始二维数组.shape)
```

```
[[1 2 3 4]
 [4 5 6 7]
 [9 8 7 6]]
(3, 4)
```

```
重塑后的二维数组 = 原始二维数组.reshape(4, 3)
print(重塑后的二维数组)
```

```
[[1 2 3]
 [4 4 5]
 [6 7 9]
 [8 7 6]]
```

　　上例中使用了两个参量来调用函数 reshape():
- 第一个参量 4 是重塑后数组的行数。
- 第二个参量 3 是重塑后数组的列数。

　　当然,这两个参量也可以合在一起视为重塑后数组的形状。也可以明确地给出第一个参量,而将第二个参量设置为-1(或者反过来),表示让函数自动确定重塑后数组的另一个参量值。例如:

```
自动确定列数的重塑数组 = 原始二维数组.reshape(4, -1)
print(自动确定列数的重塑数组)
```

```
[[1 2 3]
 [4 4 5]
 [6 7 9]
 [8 7 6]]
```

```
自动确定行数的重塑数组 = 原始二维数组.reshape(-1, 6)
print(自动确定行数的重塑数组)
```

```
[[1 2 3 4 4 5]
 [6 7 9 8 7 6]]
```

练习

运行下列两段代码出现如下错误，请说明出错的原因。

```
自动确定形状的重塑数组 = 原始二维数组.reshape(-1, -1)
print(自动确定形状的重塑数组)
```

......

ValueError: can only specify one unknown dimension

```
指定形状的重塑数组 = 原始二维数组.reshape(3, 5)
print(指定形状的重塑数组)
```

......

ValueError: cannot reshape array of size 12 into shape (3,5)

提示

要将一个 NumPy 二维数组转换为一维数组，还可以使用函数 flatten()或 ravel()。两者之间的区别在于 flatten()函数总是返回原数组的一个拷贝，而 ravel()（以及 reshape() 函数）返回的是原始数组的一个视图（或引用）。

5. NumPy 数组的计算

NumPy 提供了一组用于数组高效计算的数学函数，下面将通过一个简单的一维数组进行说明。

```
# 创建两个 Python 列表
距离列表 = [100, 115, 117, 206, 120]
时间列表 = [1.3, 1.27, 3.58, 9.20, 8.0]

距离数组 = np.array(距离列表)
时间数组 = np.array(时间列表)
```

```
速度数组 = 距离数组 / 时间数组
速度数组         # print(速度数组)输出为列表形式
```

```
array([76.92307692, 90.5511811 , 32.68156425, 22.39130435, 15.        ])
```

```
# NumPy 的通用函数 sin()作用于数组
np.sin(距离数组)
```

```
array([-0.50636564, 0.94543533, -0.68969794, -0.9746419 , 0.58061118])
```

注意

Python 标准库中的同名函数 sin() 不能作用于数组,否则会产生类型错误(TypeError)。例如:

```
from math import sin
# Python 标准库中的 sin 函数(及其他函数)不能作用于 NumPy 数组


sin(距离数组)
```

......

```
TypeError: only size- 1 arrays can be converted to Python scalars
```

3.1.3 模拟随机实验实例

本例将使用 NumPy 数组及随机整数生成函数 randint() 模拟一个常见随机实验——抛硬币。计算中还将使用 NumPy 库中的其他通用函数,如求和、统计计算函数等。

```
# 使用随机数模拟抛掷一枚硬币
# 使用随机生成整数 0 或 1,模拟抛掷一枚硬币:0 代表背面,1 代表正面
np.random.randint(low = 0, high = 2, size = 1)
```

```
array([1])
```

```
# 连续抛掷一枚硬币 10 次作为一次随机实验
一次抛掷硬币实验 = np.random.randint(0, 2, size = 10)
print(一次抛掷硬币实验)       # 显示实验结果
print(一次抛掷硬币实验.sum())       # 显示 10 次抛掷中,正面朝上的次数
```

```
[1 1 0 0 0 1 0 1 1 1]
6
```

下列代码将创建一个由随机整数 0 和 1 构成的二维数组,其行数等于随机实验的重复次数,每行的内容则是每次随机实验的结果。

```
# 重复 10000 次随机实验
重复随机实验 = np.random.randint(0, 2, size = (10000, 10))


# 显示其中前 10 行
print(重复随机实验[:10, :])
```

```
[[0 1 1 1 0 1 0 0 1 0]
 [1 1 1 1 1 0 1 0 0 1]
 [1 0 1 0 1 0 0 0 1 1]
 [0 0 1 1 1 1 0 0 0 0]
 [1 1 1 0 0 0 0 0 1 1]
 [0 0 1 1 0 1 1 0 0 1]
 [1 0 1 1 0 1 1 1 0 1]
 [0 0 0 1 0 1 1 1 1 0]
 [1 1 1 0 1 1 0 0 0 1]
 [0 1 0 0 0 1 0 0 0 1]]
```

```
# 一些基本计数和统计
出现正面次数 = 重复随机实验.sum(axis = 1)      # axis = 1 表示对每个列求和


# 10000 次实验中,每次随机实验中出现正面次数的平均值
print(出现正面次数.mean())


# 10000 次实验中,每次随机实验出现正面次数的中位数
print(np.median(出现正面次数))


# 10000 次实验中,每次随机实验出现正面次数的最小值和最大值
print(出现正面次数.min(), 出现正面次数.max())


# 10000 次实验中,每次随机实验中出现正面次数的标准差
print(出现正面次数.std())
```

```
5.0127
5.0
0 10
1.5814356483904113
```

下面的代码显示了在 10000 次随机实验中,第 0~10 次分别出现正面的次数计数(二项分布)。

```
一次随机实验抛掷次数 = np.arange(0, 11)
观察到的次数 = np.bincount(出现正面次数)


print("= = = = = = = = = = = = = = = \n")
```

```
for n, count in zip(一次随机实验抛掷次数, 观察到的次数):
    print("第{}次抛掷,共观察到正面:{}次 ({:0.1f}%)".format(n, count,
100 * count / 10000))
```

= = = = = = = = = = = = = = =

第 0 次抛掷,共观察到正面:13 次 (0.1%)

第 1 次抛掷,共观察到正面:117 次 (1.2%)

第 2 次抛掷,共观察到正面:419 次 (4.2%)

第 3 次抛掷,共观察到正面:1140 次 (11.4%)

第 4 次抛掷,共观察到正面:1983 次 (19.8%)

第 5 次抛掷,共观察到正面:2531 次 (25.3%)

第 6 次抛掷,共观察到正面:2055 次 (20.6%)

第 7 次抛掷,共观察到正面:1227 次 (12.3%)

第 8 次抛掷,共观察到正面:399 次 (4.0%)

第 9 次抛掷,共观察到正面:106 次 (1.1%)

第 10 次抛掷,共观察到正面:10 次 (0.1%)

3.2 Pandas

尽管操作 NumPy 数组和直接操作 Python 列表相比效率已经有了很大改观,但是对于数据科学应用而言,仅依靠 NumPy 仍然不够。在现实世界的应用中,数据经常以表格的形式呈现,因此,我们需要一种能直接操作表格数据的新型数据类型。

Pandas 的英文全名为 Panel Data Analysis,是能够满足处理表格型数据需要的一个 Python 扩展库。Pandas 的两种关键数据结构为 Series(序列)和 DataFrame(数据帧),前者适合处理一维标记数据(如时间级数),后者适合处理二维表格型数据。

3.2.1 Series

Pandas 的 Series 对象就是带有标记(也就是索引)的一维数组:

- Series 对象中的数据可以是**任意**类型,如整数、字符串、浮点数、其他 Python 对象等。
- Series 对象中的数据必须是同一种类型。
- Series 对象必须有索引。

Pandas 中有很多种方法可以创建 Series 对象,包括:

- 从列表创建。
- 从字典创建。
- 从 NumPy 数组创建。

- 从外部数据源（如文件）创建。

以下为创建 Series 对象的几个简单实例。

```
# 从列表创建
气温 = [23, 19, 15, 9, 11, -5, 9]
日期 = ['星期一','星期二','星期三','星期四','星期五','星期六','星期日']


# 创建 Series 对象：列表"气温"作为数据，列表"日期"作为索引
从列表创建 Series 对象 = pd.Series(气温, index = 日期)
从列表创建 Series 对象
```

星期一	23
星期二	19
星期三	15
星期四	9
星期五	11
星期六	-5
星期日	9
dtype:	int64

```
# 从字典创建
字典 = {'星期一': 23, '星期二': 19, '星期三': 15,
       '星期四': 9, '星期五': 11, '星期六': - 5, '星期日': 9}


# 创建 Series 对象：字典值作为数据，字典关键词作为索引
从字典创建 Series 对象 = pd.Series(字典)
从字典创建 Series 对象
```

星期一	23
星期二	19
星期三	15
星期四	9
星期五	11
星期六	-5
星期日	9
dtype:	int64

```
# 从 numpy 数组创建
范围数组 = np.linspace(0, 10, 15)


# 创建 Series 对象：数组中的值作为数据，自动生成默认索引
从数组创建 Series 对象 = pd.Series(范围数组)
从数组创建 Series 对象
```

```
0     0.000000
1     0.714286
2     1.428571
3     2.142857
4     2.857143
5     3.571429
6     4.285714
7     5.000000
8     5.714286
9     6.428571
10    7.142857
11    7.857143
12    8.571429
13    9.285714
14    10.000000
dtype: float64
```

提示

第三个例子中使用了 NumPy 的另一个用于产生范围数组的函数 linspace()，该函数的用法与 arange() 类似，两者不同的地方在于，函数 linspace() 的第三个参量不是指定步长，而是所生成的范围数组中元素的个数。

3.2.2 DataFrame

Pandas 中的 DataFrame(翻译为**数据帧**或**数据框架**)是一种类似于 NumPy 二维数组的数据结构，我们可以将其想象为一个表格(如电子表格中的表)。

DataFrame 结构在数据科学及机器学习领域中非常有用，因为这种结构与现实生活中数据实际的存储方式很贴近。一个 DataFrame 对象由三部分组成：

(1) 索引(index)，也是默认的行索引。

（2）列名称（column），也作为列索引使用。

（3）数据（data），行与列交叉部分的具体内容。

图 3-1 显示了一个 DataFrame 的结构。

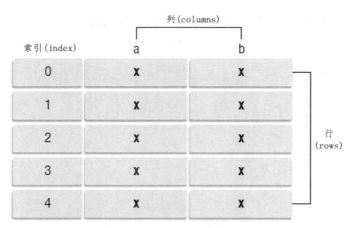

图 3-1　DataFrame 结构示例

从图中可以看出，Series 实际上是只有一列的 DataFrame。

1. 创建 DataFrame

与 Series 的情形类似，Pandas 中可用于创建 DataFrame 对象的方法很多，包括（但不限于）以下几种：

- 使用 Python 列表创建。
- 使用 NumPy 数组创建。
- 使用多个 Series 对象创建。
- 读取现存的数据文件。

```
import pandas as pd
import numpy as np


# 使用 DataFrame 函数直接从数据产生
数据帧的实例 = pd.DataFrame(np.random.randn(10, 4), columns = list('ABCD'))
数据帧的实例
```

	A	B	C	D
0	−0.289250	0.442671	−1.604742	1.327943
1	0.951947	0.335865	2.354530	0.386627
2	0.549082	−0.974809	−0.547286	−1.028474
3	0.342330	1.223685	−2.243039	−0.584495
4	−0.278111	−0.233396	0.695089	0.203179
5	0.042353	1.035513	−1.079720	−0.261004

6	-0.955510	0.715137	0.448686	-0.024740
7	0.957339	-0.554422	0.904310	-0.415632
8	1.426751	-0.893622	1.944360	1.668782
9	-2.323945	-0.133213	-1.317816	0.475373

除使用 Pandas 内建函数外,还有许多其他方法可用于创建 DataFrame,如本章后面将要介绍的读入现有数据文件的方式等。在以后的示例中还会用到一些其他方法,文中会通过加入注释的方式分别进行说明。

2. 为 DataFrame 指定索引

如上例所示,在创建 DataFrame 实例的时候,如果不明确地指定 index(行索引)参量,系统就会默认加入"自然"索引。

> **注意**
>
> DataFrame 的索引值默认从 0 开始。

此外,也可以使用一个 index 属性为 DataFrame 设定索引。在下例中,先使用了 Pandas 的 date_range() 函数产生一个日期范围(实际上是一个 Python 列表),然后将该列表指定为 DataFrame 的 index 属性。

```
产生日期范围 = pd.date_range('20191201', periods = 10)   # 生成一个日期范围
print(产生日期范围)
```

```
DatetimeIndex(['2019-12-01', '2019-12-02', '2019-12-03', '2019-12-04',
              '2019-12-05', '2019-12-06', '2019-12-07', '2019-12-08',
              '2019-12-09', '2019-12-10'],
             dtype = 'datetime64[ns]', freq = 'D')
```

```
数据帧的实例.index = 产生日期范围   # 将日期范围指定为索引
print(数据帧的实例)
```

	A	B	C	D
2019-12-01	0.758515	-1.156802	-0.650631	-0.191784
2019-12-02	-1.204874	1.212811	-1.329079	-0.736970
2019-12-03	-0.175898	0.740828	-1.552197	1.187381
2019-12-04	-0.114357	0.111413	1.029002	0.318320
2019-12-05	-2.266612	0.535851	0.345531	-0.943554
2019-12-06	0.350373	-0.816398	-2.093955	-0.056683

2019-12-07	0.348589	0.969589	1.333753	0.329292
2019-12-08	-0.920187	0.238947	-0.808772	0.335439
2019-12-09	1.450891	0.147826	0.247788	-0.121437
2019-12-10	-0.020985	0.418398	0.353591	3.206765

3. 获取 DataFrame 的索引和值

在一个 DataFrame 实例(也称为 DataFrame 对象或 DataFrame 变量)中,使用 index 属性可以访问其所有(行的)索引。

```
print(数据帧的实例.index)
```

```
DatetimeIndex(['2019-12-01', '2019-12-02', '2019-12-03', '2019-12-04',
               '2019-12-05', '2019-12-06', '2019-12-07', '2019-12-08',
               '2019-12-09', '2019-12-10'],
              dtype = 'datetime64[ns]', freq = 'D')
```

values 属性则包含整个 DataFrame 中的数据,即一个二维 NumPy 数组(ndarray)。

```
print(数据帧的实例.values)
```

```
[[ 0.7585152   -1.15680211  -0.65063062  -0.19178445]
 [-1.20487431   1.21281122  -1.32907908  -0.73697036]
 [-0.17589813   0.74082823  -1.55219669   1.1873815 ]
 [-0.11435747   0.11141317   1.02900181   0.31832011]
 [-2.26661207   0.53585052   0.34553123  -0.94355406]
 [ 0.35037259  -0.8163983   -2.0939553   -0.05668317]
 [ 0.34858915   0.96958931   1.33375285   0.3292922 ]
 [-0.92018745   0.23894672  -0.80877166   0.3354389 ]
 [ 1.45089059   0.14782557   0.24778777  -0.12143661]
 [-0.02098466   0.41839763   0.35359126   3.20676526]]
```

4. DataFrame 的描述统计

Pandas 具有一些针对 DataFrame 对象进行操作的函数,其中包括计算 DataFrame 中数值常见统计量的函数。例如函数 describe(),它可以用于获取计数(count)、平均值(mean)、标准差(std)、最小值(min)、最大值(max),以及常用的几个百分位数等。

```
print(数据帧的实例.describe())
```

	A	B	C	D
count	10.000000	10.000000	10.000000	10.000000

mean	−0.179455	0.240246	−0.312497	0.332677
std	1.058464	0.740939	1.145273	1.173642
min	−2.266612	−1.156802	−2.093955	−0.943554
25%	−0.734115	0.120516	−1.199002	−0.174197
50%	−0.067671	0.328672	−0.201421	0.130818
75%	0.349927	0.689584	0.351576	0.333902
max	1.450891	1.212811	1.333753	3.206765

如果只计算 DataFrame 中数据的某些特定的统计量,可以使用其他独立的统计函数(或方法)。下列代码使用了 mean() 方法来计算 DataFrame 中数据的均值,括号中的轴参量指示求值所针对的轴(括号中的"axis ="部分可以省略)。

```
print(数据帧的实例.mean(axis = 0))    # axis = 0 意味着针对每个列计算平均值
```

```
A  -0.179455
B   0.240246
C  -0.312497
D   0.332677
dtype: float64
```

```
print(数据帧的实例.mean(axis = 1))    # axis = 1 意味着针对每个行计算平均值
```

```
2019-12-01   -0.310175
2019-12-02   -0.514528
2019-12-03    0.050029
2019-12-04    0.336094
2019-12-05   -0.582196
2019-12-06   -0.654166
2019-12-07    0.745306
2019-12-08   -0.288643
2019-12-09    0.431267
2019-12-10    0.989442
Freq: D, dtype: float64
```

3.2.3 访问 DataFrame 数据

在 Pandas 中,可以用像 NumPy 数组类似的方式对 Series 和 DataFrames 进行索引和切片。

1. 基于行、列索引的数据访问

抽取行和列是针对 DataFrame 最常用的操作,同时也是容易出现混淆和迷惑的地方。例如,如果要获取 DataFrame 中的某个完整的列或多个列，可以直接指定列名称（标签或列索引）。

```
# 获取名为 A 的列
print(数据帧的实例['A'])
```

```
2019-12-01     0.758515
2019-12-02    -1.204874
2019-12-03    -0.175898
2019-12-04    -0.114357
2019-12-05    -2.266612
2019-12-06     0.350373
2019-12-07     0.348589
2019-12-08    -0.920187
2019-12-09     1.450891
2019-12-10    -0.020985
Freq: D, Name: A, dtype: float64
```

```
print(数据帧的实例.A)      # 与上一条指令的结果相同
```

```
2019-12-01     0.758515
2019-12-02    -1.204874
2019-12-03    -0.175898
2019-12-04    -0.114357
2019-12-05    -2.266612
2019-12-06     0.350373
2019-12-07     0.348589
2019-12-08    -0.920187
2019-12-09     1.450891
2019-12-10    -0.020985
Freq: D, Name: A, dtype: float64
```

```
# 获取名为 A,B 的两列
print(数据帧的实例[['A', 'B']])
```

```
                    A              B
2019-12-01     0.758515     -1.156802
2019-12-02    -1.204874      1.212811
2019-12-03    -0.175898      0.740828
```

2019-12-04	-0.114357	0.111413
2019-12-05	-2.266612	0.535851
2019-12-06	0.350373	-0.816398
2019-12-07	0.348589	0.969589
2019-12-08	-0.920187	0.238947
2019-12-09	1.450891	0.147826
2019-12-10	-0.020985	0.418398

下列代码抽取了 DataFrame 中第 2 行到第 3 行(不包括第 4 行)的内容(行切片)。

```
print(数据帧的实例[2:4])
```

	A	B	C	D
2019-12-03	-0.175898	0.740828	-1.552197	1.187381
2019-12-04	-0.114357	0.111413	1.029002	0.318320

在基于行数进行数据抽取时,可以使用 iloc 索引器。例如:

```
print(数据帧的实例.iloc[2:4])      # 同上:抽取第 2 行到第 3 行
```

	A	B	C	D
2019-12-03	-0.175898	0.740828	-1.552197	1.187381
2019-12-04	-0.114357	0.111413	1.029002	0.318320

```
print(数据帧的实例.iloc[3:7])      # 抽取第 3,4,5,6 行
```

	A	B	C	D
2019-12-04	-0.114357	0.111413	1.029002	0.318320
2019-12-05	-2.266612	0.535851	0.345531	-0.943554
2019-12-06	0.350373	-0.816398	-2.093955	-0.056683
2019-12-07	0.348589	0.969589	1.333753	0.329292

如果想使用行数来抽取若干特定的行,并且这些行不完全连续就必须使用 iloc 索引器。例如:

```
print(数据帧的实例[[2, 4]])      # 显示错误信息;此时必须使用 iloc
```

......

```
KeyError: "None of [Int64Index([2, 4], dtype = 'int64')] are in the [columns]"
```

```
print(数据帧的实例.iloc[[2, 4]])      # 抽取第 2 行和第 4 行
```

	A	B	C	D
2019-12-03	-0.175898	0.740828	-1.552197	1.187381
2019-12-05	-2.266612	0.535851	0.345531	-0.943554

同样，抽取 DataFrame 中指定的行和列时，也必须使用 iloc 索引器。

例如下列代码使用 iloc 索引器抽取第 4 行到第 7 行，第 1 列到第 3 列交叉的部分数据。

```
print(数据帧的实例.iloc[4:8, 1:4])
```

	B	C	D
2019-12-05	0.535851	0.345531	-0.943554
2019-12-06	-0.816398	-2.093955	-0.056683
2019-12-07	0.969589	1.333753	0.329292
2019-12-08	0.238947	-0.808772	0.335439

使用列表则抽取指定的行和列。

```
print(数据帧的实例.iloc[[2, 4], [1, 3]])
```

	B	D
2019-12-03	0.740828	1.187381
2019-12-05	0.535851	-0.943554

2. 使用布尔索引

如果想访问 DataFrame 中满足特定条件的元素，可以使用布尔索引。

例如，下列代码使用布尔索引显示"数据帧的实例"中 A，B 列的值大于零的元素。

```
print(df[(数据帧的实例.A > 0) & (数据帧的实例.B > 0)])
```

	A	B	C	D
2019-09-09	0.187497	1.122150	-0.988277	-1.985934
2019-09-15	0.001268	0.951517	2.107360	-0.108726
2019-09-17	0.387023	1.706336	-2.452653	0.260466

3.2.4　DataFrame 中的数据排序

对 DataFrame 中的数据元素进行排序主要有两种方法：

（1）通过标签排序：使用函数 sort_index()。

（2）通过值排序：使用函数 sort_values()。

1. 通过索引排序

函数 sort_index() 带有两个属性参量（暂不考虑其他参量）：

- 参量 axis 用来指定轴,用于说明是按照行索引还是列索引排序。axis = 0 表示通过行索引进行排序,axis = 1 表示通过列索引排序。
- 参量 ascending 指定排序方式,ascending = False 表示按照降序排序,ascending = True 表示按照升序排序。

```
print(数据帧的实例.sort_index(axis = 0, ascending = False))
# axis = 0 意味着通过行索引排序
```

	A	B	C	D
2019-09-18	-1.054974	0.556775	-0.945219	-0.030295
2019-09-17	0.387023	1.706336	-2.452653	0.260466
2019-09-16	-0.185258	0.856520	-0.686285	1.104195
2019-09-15	0.001268	0.951517	2.107360	-0.108726
2019-09-14	0.070011	-0.516443	-1.655689	0.246721
2019-09-13	0.537438	-1.737568	0.714727	-0.939288
2019-09-12	-0.279572	-0.702492	0.252265	0.958977
2019-09-11	-0.040627	0.067333	-0.452978	0.686223
2019-09-10	0.360803	-0.562243	-0.340693	-0.986988
2019-09-09	0.187497	1.122150	-0.988277	-1.985934

```
print(数据帧的实例.sort_index(axis = 1, ascending = False))
# axis = 1 意味着通过列索引排序
```

	D	C	B	A
2019-09-09	-1.985934	-0.988277	1.122150	0.187497
2019-09-10	-0.986988	-0.340693	-0.562243	0.360803
2019-09-11	0.686223	-0.452978	0.067333	-0.040627
2019-09-12	0.958977	0.252265	-0.702492	-0.279572
2019-09-13	-0.939288	0.714727	-1.737568	0.537438
2019-09-14	0.246721	-1.655689	-0.516443	0.070011
2019-09-15	-0.108726	2.107360	0.951517	0.001268
2019-09-16	1.104195	-0.686285	0.856520	-0.185258
2019-09-17	0.260466	-2.452653	1.706336	0.387023
2019-09-18	-0.030295	-0.945219	0.556775	-1.054974

> **注意**
>
> 函数 sort_index() 返回排序后 DataFrame 的一个拷贝,原来的 DataFrame 并不受影响。
>
> 若将原来的 DataFrame 排序并替换,则在 sort_index() 中设置 inplace = True 即可。

> 一般情况下,涉及 DataFrame 的大多数操作都不改变原始的 DataFrame,参数 inplace 默认为 False。当 inplace 置为 True 时,函数 sort_index() 的返回结果为 None。

2. 通过值排序

通过值来排序可使用函数 sort_values()。

```
print(数据帧的实例.sort_values('A', axis = 0))   # 基于A列的值来排序,默认为升序
```

	A	B	C	D
2019-06-03	-1.054974	0.556775	-0.945219	-0.030295
2019-05-28	-0.279572	-0.702492	0.252265	0.958977
2019-06-01	-0.185258	0.856520	-0.686285	1.104195
2019-05-27	-0.040627	0.067333	-0.452978	0.686223
2019-05-31	0.001268	0.951517	2.107360	-0.108726
2019-05-30	0.070011	-0.516443	-1.655689	0.246721
2019-05-25	0.187497	1.122150	-0.988277	-1.985934
2019-05-26	0.360803	-0.562243	-0.340693	-0.986988
2019-06-02	0.387023	1.706336	-2.452653	0.260466
2019-05-29	0.537438	-1.737568	0.714727	-0.939288

如果基于一个特定的行按照索引来排序,须将参数 axis 设为 1。

```
print(数据帧的实例.sort_values('20191207', axis = 1))
```

	C	A	B	D
2019-09-09	-0.988277	0.187497	1.122150	-1.985934
2019-09-10	-0.340693	0.360803	-0.562243	-0.986988
2019-09-11	-0.452978	-0.040627	0.067333	0.686223
2019-09-12	0.252265	-0.279572	-0.702492	0.958977
2019-09-13	0.714727	0.537438	-1.737568	-0.939288
2019-09-14	-1.655689	0.070011	-0.516443	0.246721
2019-09-15	2.107360	0.001268	0.951517	-0.108726
2019-09-16	-0.686285	-0.185258	0.856520	1.104195
2019-09-17	-2.452653	0.387023	1.706336	0.260466
2019-09-18	-0.945219	-1.054974	0.556775	-0.030295

3.2.5 在 DataFrame 中增加/删除行和列

在以下实例中,先用 Python 字典创建一个 DataFrame,然后以此为例,说明如何增加或删除 DataFrame 的指定行或列。

```
import numpy as np
import pandas as pd


字典 = {'年份': [2010, 2011, 2012, 2010, 2011, 2012, 2010, 2011, 2012],
       '俱乐部': ['巴塞罗那', '巴塞罗那', '巴塞罗那', '皇家马德里', '皇家马德里', '皇
       家马德里', '瓦伦西亚', '瓦伦西亚', '瓦伦西亚'],
       '胜': [30, 28, 32, 29, 32, 26, 21, 17, 19],
       '平': [6, 7, 4, 5, 4, 7, 8, 10, 8],
       '负': [2, 3, 2, 4, 2, 5, 9, 11, 11]
       }
```

```
历年成绩表 = pd.DataFrame(字典, columns = ['年份', '俱乐部', '胜', '平', '负'])


历年成绩表
```

	年份	俱乐部	胜	平	负
0	2010	巴塞罗那	30	6	2
1	2011	巴塞罗那	28	7	3
2	2012	巴塞罗那	32	4	2
3	2010	皇家马德里	29	5	4
4	2011	皇家马德里	32	4	2
5	2012	皇家马德里	26	7	5
6	2010	瓦伦西亚	21	8	9
7	2011	瓦伦西亚	17	10	11
8	2012	瓦伦西亚	19	8	11

1. 增加列

下列代码为"历年成绩表"增加一个名为"当年名次"的新列。

```
当年名次 = np.array([1, 2, 1, 2, 1, 2, 3, 3, 3])
历年成绩表["当年名次"] = 当年名次


历年成绩表
```

	年份	俱乐部	胜	平	负	当年名次
0	2010	巴塞罗那	30	6	2	1

	年份	俱乐部	胜	平	负	当年名次
1	2011	巴塞罗那	28	7	3	2
2	2012	巴塞罗那	32	4	2	1
3	2010	皇家马德里	29	5	4	2
4	2011	皇家马德里	32	4	2	1
5	2012	皇家马德里	26	7	5	2
6	2010	瓦伦西亚	21	8	9	3
7	2011	瓦伦西亚	17	10	11	3
8	2012	瓦伦西亚	19	8	11	3

2. 删除行/列

要删除一个或多个行/列,可以使用 drop() 函数,用参量 axis 指示删除行(axis = 0)还是列(axis = 1),默认设置为 axis = 0(可以省略)。例如,下列代码删除了行索引值为"0""3""6"的三行。

```
# 基于索引值删除行
历年成绩表.drop([0, 3, 6])
```

	年份	俱乐部	胜	平	负	当年名次
1	2011	巴塞罗那	28	7	3	2
2	2012	巴塞罗那	32	4	2	1
4	2011	皇家马德里	32	4	2	1
5	2012	皇家马德里	26	7	5	2
7	2011	瓦伦西亚	17	10	11	3
8	2012	瓦伦西亚	19	8	11	3

> **注意**
>
> 与排序函数 sort_index() 类似,函数 drop() 默认不影响原始的 DataFrame 中的数据,如果要修改原始的 DataFrame,可以使用参量 inplace = True。

函数 drop() 默认情况下(不含参量 axis 或 axis = 0)用来删除行,如果删除列的话,只须设置 axis = 1 即可。

例如,下列代码删除了"平"和"负"两列。

```
历年成绩表.drop(['负', '平'], axis = 1)
```

	年份	俱乐部	胜	当年名次
0	2010	巴塞罗那	30	1

	年份	俱乐部			
1	2011	巴塞罗那	28	2	
2	2012	巴塞罗那	32	1	
3	2010	皇家马德里	29	2	
4	2011	皇家马德里	32	1	
5	2012	皇家马德里	26	2	
6	2010	瓦伦西亚	21	3	
7	2011	瓦伦西亚	17	3	
8	2012	瓦伦西亚	19	3	

当然,也可以通过 columns 属性直接删除一列或多列,例如:

历年成绩表.drop(历年成绩表.columns[3], axis = 1)　　　*# 删除第 3 列*

	年份	俱乐部	胜	负	当年名次
0	2010	巴塞罗那	30	2	1
1	2011	巴塞罗那	28	3	2
2	2012	巴塞罗那	32	2	1
3	2010	皇家马德里	29	4	2
4	2011	皇家马德里	32	2	1
5	2012	皇家马德里	26	5	2
6	2010	瓦伦西亚	21	9	3
7	2011	瓦伦西亚	17	11	3
8	2012	瓦伦西亚	19	11	3

历年成绩表.drop(历年成绩表.columns[[3, 4]], axis = 1)　　　*# 删除第 3,4 两列*

	年份	俱乐部	胜	当年名次
0	2010	巴塞罗那	30	1
1	2011	巴塞罗那	28	2
2	2012	巴塞罗那	32	1
3	2010	皇家马德里	29	2
4	2011	皇家马德里	32	1
5	2012	皇家马德里	26	2
6	2010	瓦伦西亚	21	3
7	2011	瓦伦西亚	17	3
8	2012	瓦伦西亚	19	3

类似地,还可以通过属性 index 删除指定的行(一行或者多行),例如:

```
历年成绩表.drop(历年成绩表.index[1])    # 与"历年成绩表.drop[1]"相同
```

	年份	俱乐部	胜	平	负	当年名次
0	2010	巴塞罗那	30	6	2	1
2	2012	巴塞罗那	32	4	2	1
3	2010	皇家马德里	29	5	4	2
4	2011	皇家马德里	32	4	2	1
5	2012	皇家马德里	26	7	5	2
6	2010	瓦伦西亚	21	8	9	3
7	2011	瓦伦西亚	17	10	11	3
8	2012	瓦伦西亚	19	8	11	3

3.2.6 生成交叉表

在统计学中,**交叉表**(crosstab)用于累计并联合显示两个或多个变量的分布,以说明这些变量之间的关系。

例如,针对前例中的 DataFrame,可以使用 crosstab 生成一个汇总表,显示每个球队名次的分布。

```
print("每个俱乐部名次的分布")
print("= = = = = = = = = = = = = = = = = ")


pd.crosstab(历年成绩表.俱乐部, 历年成绩表.当年名次)
```

每个俱乐部名次的分布
= = = = = = = = = = = = = = = = =

当年名次	1	2	3
俱乐部			
巴塞罗那	2	1	0
瓦伦西亚	0	0	3
皇家马德里	1	2	0

3.2.7 读取/写入数据文件

在实际应用中,通过直接给出具体数据生成 DataFrame 的场合并不常见,比较常见的场景是从现有的数据集(以数据文件的形式)中抽取部分或全部数据。

下面以 CSV 文件为例,说明 Pandas 使用外部数据文件的方法。

> **提示**
>
> CSV(Comma Sepreated Value)的意思是"用逗号分隔的值",CSV 文件是一种格式非常简单的纯文本文件,常用于公共数据集。

假设当前工作目录中有一个 CSV 文件 data.csv,其内容类似于上例中的表格数据。可以按如下方式将其载入到一个 DataFrame 中。

```
读取的 CSV 文件 = pd.read_csv('data.csv')          # 从 CSV 载入 dataframe
读取的 CSV 文件
```

除 CSV 文件外,Pandas 还支持很多其他格式数据文件的读取和写入,而且使用的方法类似。表 3-1 列出了其中常用的几种。

表 3-1　不同格式数据文件的读取和写入函数

文 件 格 式	描　　述	存 储 格 式	读 取 函 数	写 入 函 数
.txt	普通文本文件	文本格式	read_txt()	to_txt()
.csv	用逗号分割的值	文本格式	read_csv()	to_csv()
.xlsx	MS Excel 电子表格文件	二进制格式	read_excel()	to_excel()
.html	网页文件	文本格式	read_html()	to_html()
.json	JSON 文件(类似于 Python 字典)	文本格式	read_json()	to_json()
.pkl	Python Pickel 文件	二进制文件	read_pickle()	to_pickle()

第四章　Python 绘图与数据可视化

本章以 Python 绘图及数据可视化为主题，介绍 Python 扩展库 Matplotlib 的基本用法，并结合实际应用案例，简要展示 Seaborn（建立在 Matplotlib 基础上的另一个可视化扩展库）和 Pandas 的常用可视化功能。

Matplotlib（以及 Seaborn 和 Pandas）在很多方面都依赖于 NumPy，而且和 NumPy 及 Pandas 有很好的互补性。虽然 Matplotlib 不包含在 Python 标准库中，但却已成为 Python 应用生态中不可缺少的组成部分。

> **提示**
>
> 设计 Matplotlib 的最初目的是为 Python 提供一套能与著名商业数学软件 Matlab 的绘图功能相媲美的扩展包，因此 Matplotlib 中的模块、绘图函数等核心要素，无论是名称还是用法都与 Matlab 有相似之处。

- Matplotlib 是 Python 的绘图及可视化库，可以生成出版级高质量的图形。
- Matplotlib 中的模块、绘图模式、函数及各种用户定制等功能异常丰富，初学时似乎有点眼花缭乱，但有规律可循。本章将通过多种实例演示其中的一些典型用法，读者可在实例基础上尝试修改绘图风格、绘图参量、标注及数据等内容，生成比较满意的配色及绘图风格。
- Matplotlib 有两种绘图模式：普通模式和面向对象模式。其中面向对象绘图模式更符合数据可视化的需要和发展趋势。本章对两种模式的介绍基本上是独立的，读者可以自行选择学习。
- Seaborn 是建立在 Matplotlib（以及 NumPy）基础上的另一个流行的可视化扩展包。与Matplotlib 相比，Seaborn 和 Pandas 数据结构的结合更紧密，同时内置了众多专业的、易于使用的可视化风格。此外，Seaborn 将很多现成的（通常也是最常用和最受欢迎的）Matplotlib 绘图风格封装在一起方便用户直接调用，避免了用户自行设置各种参量的麻烦。

- Pandas 库本身也提供了各种可视化函数,特别是集成了 Matplotlib 和 Seaborn 的许多绘图函数,用户可以非常容易地由 DataFrame 和 Series 直接创建图表。Pandas 的可视化函数比 Matplotlib 的更"高阶",虽不及前者灵活,但通常用更少的代码就能获得与 Matplotlib 同样质量的结果。

- Python 绘图及可视化图表的扩展库虽然都能支持中文显示,但需要用适当的中文字库文件替换系统默认的字库文件,或者在需要显示中文的语句中更改相应的字体参量。

- 本章介绍的扩展库以用于绘制二维图形的为主,有些扩展库也能用于绘制一些比较简单的三维图形。

4.1 Matplotlib 简介

Matplotlib 是 Python 最常用的绘图工具库,特别适用于创建基本图形,包括绘制数学函数的图像,以及各种统计图表(如折线图、条形图、直方图等)。Matplotlib 还有一个特点是能够很好地与 Jupyter Notebook 集成。

4.1.1 显示图像

Matplotlib 的 pyplot 模块中提供了一个显示图像的函数 imshow(),可将读入内存中的图像显示出来,但要载入图像文件,则要用 Matplotlib 的另一个模块 image 中的函数 imread()。

注意

在本书中,将使用 Matplotlib(及类似的工具)所绘制的作品称为"图形"(Graph 或 Figure),而将绘制好的图形存储成文件时称为"图像"(image)。这种做法主要是为了在应用中保持术语的一致性,并不严格遵循将矢量图称为图形,位图称为图像的标准解释。

当前目录下有一幅图像 fan.jpg,在下列代码中,先使用函数 imread() 将该图像读入内存,然后调用函数 imshow() 将内存中的数据呈现出来。

```
%matplotlib inline
import matplotlib.pyplot as plt
from matplotlib.image import imread


img = imread('fan.jpg ')                   # 载入图像文件
plt.imshow(img)                            # 数据呈现
plt.show()                                 # 可选(可用于指定显示风格)
```

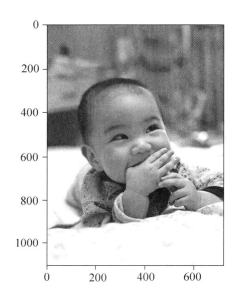

4.1.2 绘制函数图像

Matplotlib 中 pyplot 模块的一个基本绘图函数 plot() 可用于绘制很多类型的图形,本节将介绍如何绘制数学函数的图形。

1. 绘制函数图形

在本例中,将使用"描点法"完成绘制正弦函数图形的任务,具体步骤如下:

(1) 利用 NumPy 的 arange() 函数产生一组范围数据 $[0, 0.1, \cdots, 5.9]$(一个数组 x),这些数据也作为"描点"的第一个坐标。

(2) 将 NumPy 中的正弦函数 sin() 作用于数组 x(即作用到所有元素),得到"描点"的第二个坐标 y(另一个数组)。

(3) 将数据 x, y 提供给 Matplotlib 的 pyplot 模块(导入时的别名为 plt)中的 plt.plot() 方法,产生函数的描点图形。

(4) 调用函数 plt.show()(也在 pyplot 模块中)将图形显示出来。

> **注意**
>
> 上述步骤也基本上适用于绘制一般函数图形的过程。

以下是上述步骤的代码实现:

```python
import numpy as np
# 导入 Matplotlib 的 pyplot 模块,别名为 plt
import matplotlib.pyplot as plt

%matplotlib inline


# 产生数据
```

```
x = np.arange(0, 6, 0.1)          # 生成范围为 0-6,步长为 0.1 的数组
y = np.sin(x)                     # 将正弦函数作用于范围数组

# 绘制图形
plt.plot(x, y)

plt.savefig('myfig.png', dpi = 400, bbox_inches = 'tight')

plt.show()
```

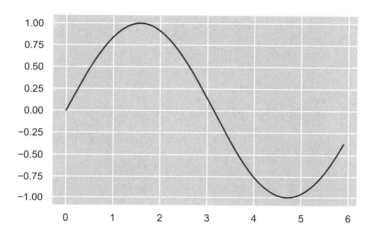

> **提示**
>
> 在上面的代码中,语句 %matplotlib inline 是一条魔法指令,用于指示 Jupyter Notebook 将 Matplotlib 所产生的图形显示在同一个 Notebook 中。

2. 将绘制的图形保存为图像

上述代码中的以下语句将绘制的图形保存为图像文件。

```
plt.savefig('myfig.png', dpi = 400, bbox_inches = 'tight')
```

其中:

- myfig.png:保存的图像文件名及格式,保存的图像文件格式可通过文件扩展名来指定。Matplotlib 支持大多数常用的图像文件格式,如.bmp,.gif,.svg,.pdf 等。
- dpi = 400:指定所保存图像的分辨率。
- bbox_inches = 'tight':保存后图像周边空白的大小,tight 表示最小。

> **提示**
>
> 参量 dpi = 400 表示将存储图像的精度(分辨率)设置为 400 dpi(点/英寸),这对于普通屏幕显示而言足够了。如果需要更高精度的图像,只须增大这个参量的值即可。

在上例正弦函数的基础上，再加入余弦函数的图形。另外，不加任何说明的图形很难传递出有意义的信息，因此可以使用 pyplot 模块中的添加标题、轴标签和图例等函数对图形进行进一步说明和润色。

```python
import numpy as np
import matplotlib.pyplot as plt

# 产生数据
x = np.arange(0, 6, 0.1)            # 范围从 0 到 6，以 0.1 为单位产生数据
y1 = np.sin(x)
y2 = np.cos(x)                      # 增加第二个函数

# 绘制图形
plt.plot(x, y1, label = "sin(x)")
plt.plot(x, y2, linestyle = "- .", label = "cos(x)")
                                   # 用"点-短线"型虚线绘制 cos(x) 的图形
plt.xlabel("x")                    # x 轴标签
plt.ylabel("y")                    # y 轴标签
plt.title('sin(x) & cos(x)')       # 显示绘图的标题

plt.legend()                       # 显示图例，由 plot 中的 label 参量指定
plt.show()
```

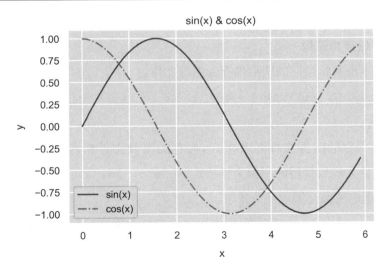

练习

在上述代码中添加一行语句，将绘制的图形保存为 gif 格式。

4.1.3 绘制线条图

通过前面的实例,可以看出使用 matplotlib 的 plot() 函数绘图非常容易,即使没有明确的数学表达式,仅给出一组数据也能够画图。

下列代码使用给定的一组数据点绘制一幅线条图(或称折线图),然后使用各种辅助语句进行修饰。

```
%matplotlib inline
import matplotlib.pyplot as plt

plt.rcParams['font.sans-serif'] = ['SimHei']      # 设置字体为中文黑体
plt.rcParams['axes.unicode_minus'] = False        # 解决负号'-'显示为方块的问题

plt.plot ([1, 2, 3, 4, 5, 6, 7, 8, 9, 10, 11, 12],
          [2, 4.5, 1, 2, 3.5, 2, 1, 2, 3, 2, 2.5, 4.8]
         )

plt.title("绩效", size = 16)       # 设置图形的标题
plt.xlabel("月份", size = 14)      # 为 x- 轴设置标签
plt.ylabel("等级", size = 14)      # 为 y- 轴设置标签
```

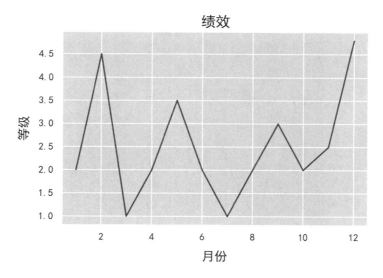

> **注意**
>
> Matplotlib 默认的字体库不支持中文,如果使用默认字体,上述代码中的中文标题和标签在图形中将会显示为空白方块。因此,要在 Matplotlib 中正确显示中文标题和标签,须为其指定所使用的字体。指定中文字体的方法有多种,本书后续章节还将介绍其他方法。

定制绘图风格

Matplotlib 可以通过添加修饰调整指令创建各种风格优美的图形。但是,对于普通用户而言,创建真正具有美感的图形非常耗时。为此,Matplotlib 中封装了很多预定义的绘图风格(style),这使得普通用户能很方便地实现相对专业的绘图效果,而不必一一调整图形中的各个参量和元素。

以下是两种预置风格的实例:

```
%matplotlib inline
import matplotlib.pyplot as plt

from matplotlib import style

style.use("ggplot")                       # 使用 ggplot 风格
plt.plot ([1, 2, 3, 4, 5, 6, 7, 8, 9, 10, 11, 12],
         [2, 4.5, 1, 2, 3.5, 2, 1, 2, 3, 2, 2.5, 4.8]
        )

plt.title("绩效", size = 16)              # 设置图形的标题
plt.xlabel("月份", size = 14)            # 为 x- 轴设置标签
plt.ylabel("等级", size = 14)            # 为 y- 轴设置标签
```

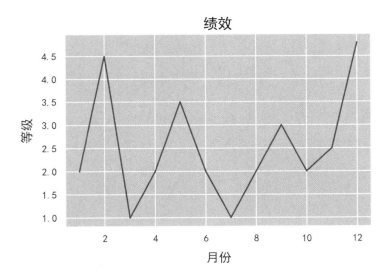

> **提示**
>
> 本例中使用的 ggplot 风格是基于统计编程语言 R 的一种数据可视化包。

下列代码使用了预置的 grayscale 风格来显示同样的图形。

```
%matplotlib inline
import matplotlib.pyplot as plt

from matplotlib import style
style.use("grayscale")                              # 使用 grayscale 风格

plt.plot ([1, 2, 3, 4, 5, 6, 7, 8, 9, 10, 11, 12],
          [2, 4.5, 1, 2, 3.5, 2, 1, 2, 3, 2, 2.5, 4.8]
          )
plt.title("绩效", size = 16)                         # 设置图形的标题
plt.xlabel("月份", size = 14)                        # 为 x- 轴设置标签
plt.ylabel("等级", size = 14)                        # 为 y- 轴设置标签
```

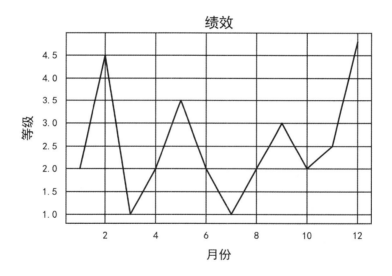

提示
    使用以下语句可以输出一个可用风格的列表。

```
style.available
```

```
['bmh',
 'classic',
 'dark_background',
 'fast',
 'fivethirtyeight',
 'ggplot',
```

```
'grayscale',
'seaborn-bright',
'seaborn-colorblind',
'seaborn-dark-palette',
'seaborn-dark',
'seaborn-darkgrid',
'seaborn-deep',
'seaborn-muted',
'seaborn-notebook',
'seaborn-paper',
'seaborn-pastel',
'seaborn-poster',
'seaborn-talk',
'seaborn-ticks',
'seaborn-white',
'seaborn-whitegrid',
'seaborn',
'Solarize_Light2',
'tableau-colorblind10',
'_classic_test']
```

练习

在以上绘图实例中,更改语句 `style.use` 中的参量,尝试实现不同的绘图风格。

4.2　使用 Matplotlib 绘制统计图形

除了画函数图形和线条图外,Matplotlib 还可以基于数据画出各种统计图形。本节仅介绍最常见的三种统计图形(条形图、饼图和散点图)的绘制方法。在本章后续应用案例中也会出现其他类型的统计图形。

4.2.1　绘制条形图(直方图)

条形图(或直方图)能直观地显示数据的分布情况,可用于比较数据。

例如,比较一个销售员在过去一年中的业绩情况,就可以使用条形图。

```
%matplotlib inline
import matplotlib.pyplot as plt
from matplotlib import style

plt.rcParams['font.sans-serif'] = ['SimHei']
plt.rcParams['axes.unicode_minus'] = False

style.use("ggplot")
plt.bar(                                        # pyplot 画条形图的函数
    [1, 2, 3, 4, 5, 6, 7, 8, 9, 10, 11, 12],    # 横坐标
    [2, 4.5, 1, 2, 3.5, 2, 1, 2, 3, 2, 2.5, 3.4],  # 数据点的值
    label = "王强",
    color = "m",                                # m 代表 magenta(洋红色)
    align = "center"                            # 设置中心对齐方式
        )

plt.title("绩效", size = 16)
plt.xlabel("月份", size = 14)
plt.ylabel("等级", size = 14)

plt.legend(loc = 'best')                        # 图例自动调整到最佳位置
plt.grid(True, color = "y")                     # 设置彩色网格背景
```

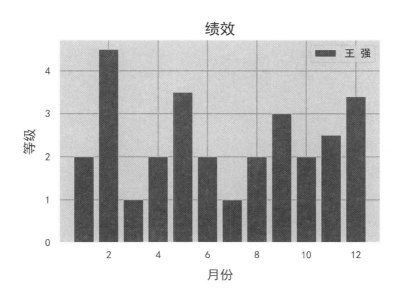

1. 多组数据的条形图

和绘制多个函数图形的情形一样,可以在已绘制好的条形图中再加入二个、三个,甚至更多的条形图。如果绘制出来的多个条形图互相交叠,可以通过修改条形图函数 bar() 中的 alpha 和 color 参量(表示透明程度和颜色的值)加以区分。

```python
%matplotlib inline
import matplotlib.pyplot as plt
from matplotlib import style

style.use("ggplot")

plt.bar(
    [1, 2, 3, 4, 5, 6, 7, 8, 9, 10, 11, 12],
    [2, 4.5, 1, 2, 3.5, 2, 1, 2, 3, 2, 2.5, 3.4],
    label = "王强",
    color = "y",
    align = "center",
    alpha = 0.5                      # 设置透明因子为 0.5
    )

plt.bar(
    [1, 2, 3, 4, 5, 6, 7, 8, 9, 10, 11, 12],
    [1.2, 4.1, 0.3, 4, 5.5, 4.7, 4.8, 5.2, 1, 1.1, 3, 2.6],
    label = "李兵",
    color = "g",                     # g 代表 green(绿色)
    align = "center",
    alpha = 0.5
    )

plt.title("测试结果")
plt.xlabel("学期")
plt.ylabel("分数")

plt.legend(loc = 'best ')
plt.grid(True, color = "y")
```

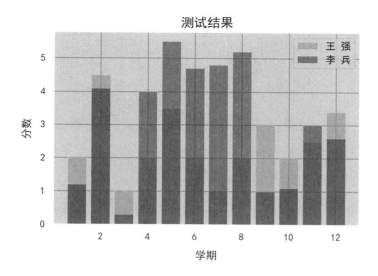

2. 更改刻度显示

到目前为止，x-轴/y-轴上的刻度都是数值(如2，4，6等)。如果x-轴的标签是字符串，那么可以将字符串储存到列表中，并在 bar() 函数中使用。

```
%matplotlib inline
import matplotlib.pyplot as plt


rainfall = [17, 19, 16, 30, 90, 170, 180, 140, 60, 20, 40, 10]
months = ['一月','二月','三月','四月','五月','六月','七月','八月','九月','十月',
'十一月','十二月']


plt.bar(months, rainfall, align = 'center', color = 'orange')
```

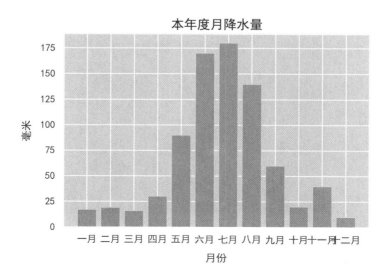

```
plt.title("本年度月降水量")
plt.xlabel("月份")
plt.ylabel("毫米")

plt.show()
```

观察 x-轴上的刻度标记,我们发现后面几个月份距离较近,字符紧贴在一起了。为保证月份标签能清晰显示,可以使用 xticks() 函数进行设置。

```
%matplotlib inline
import matplotlib.pyplot as plt

rainfall = [17, 19, 16, 30, 90, 170, 180, 140, 60, 20, 40, 10]
months = ['一月','二月','三月','四月','五月','六月','七月','八月','九月','十月',
'十一月','十二月']

plt.bar(range(len(rainfall)), rainfall, align = 'center', color = 'orange')
plt.xticks(range(len(rainfall)), months, rotation = 'vertical')

plt.title("本年度月降水量")
plt.xlabel("月份")
plt.ylabel("毫米")

plt.show()
```

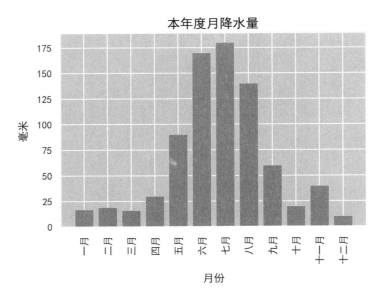

上例使用 xticks() 函数将 x 轴的月份标签文字竖排，从而避免文字紧贴看不清。

4.2.2 绘制饼图

饼图是一种形状类似圆盘的统计图形，圆周被划分为若干片，用以说明相应数据的占比。

Matplotlib 的 pyplot 模块中的函数 pie() 专门用于绘制饼图，其基本用法如下例所示：

```
%matplotlib inline
import matplotlib.pyplot as plt


plt.rcParams['font.sans-serif'] = ['SimHei']
plt.rcParams['axes.unicode_minus'] = False


浏览器列表 = ["Chrome", "MS IE", "FireFox", "MS Edge", "Safari", "Sogou",
"Opera", "其他"]


市场份额 = [61.64, 11.98, 11.02, 4.23, 3.79, 1.63, 1.52, 4.19]
楔形偏移 = (0, 0, 0, 0, 0, 0, 0, 0)


plt.pie (市场份额,
        explode = 楔形偏移,             # 将楔形偏离列表传递给参数 explode
        labels = 浏览器列表,
        autopct = "%.1f%% ",           # 使用数值标记楔形的字符串或函数
        shadow = True,                 # 显示阴影
        startangle = 0)                # 从 x- 轴开始按逆时针旋转，设置饼图开始角度
plt.axis("equal")                      # 关闭轴线和标签
```

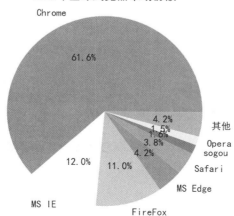

20xx年全球浏览器市场份额

```
plt.title("20xx 年全球浏览器市场份额")
plt.show()
```

1. 定制显示

matplotlib 绘制的饼图中，每个楔形片有默认的颜色和显示方式，如有特别需要，也可以通过改变默认参量值设置饼图的颜色和显示方式。

例如，上例中绘图函数 pie() 除 label 参量外，还可修改的参量如下所示。

- explode（外偏移量）：这个参量用来指定每个楔形半径向外的偏移量。在上述例子中，这个参量值为零，因此显示出来的图形是一个完整的圆饼图。
- colors（颜色）：这个参数用来修改每个楔形片显示的颜色。
- startangle（水平起始角度）：该参数指定饼图的起始点相对 x-轴逆时针旋转的角度，默认为 0 度。
- shadow（阴影）：值为 True，饼图显示阴影，值为 False，不显示阴影。
- autopct：指示楔形上显示的数字或者字符串标签（在本例中为数字百分比）格式。

具体应用如下例所示：

```
%matplotlib inline
import matplotlib.pyplot as plt

plt.rcParams['font.sans-serif'] = ['SimHei']
plt.rcParams['axes.unicode_minus'] = False

浏览器列表 = ["Chrome", "MS IE", "FireFox", "MS Edge", "Safari", "Sogou",
"Opera", "其他"]

市场份额 = [61.64, 11.98, 11.02, 4.23, 3.79, 1.63, 1.52, 4.19]
楔形偏移 = (0, 0, 0.5, 0, 0.8, 0, 0, 0)
显示颜色 = ['yellowgreen', 'gold', 'lightskyblue', 'lightcoral']    # 定义楔形片的显示
# 颜色列表

plt.pie(市场份额,
explode = 楔形偏移,                      # 将楔形偏移列表传递给参数 explode
labels = 浏览器列表,
colors = 显示颜色,                       # 将颜色列表传递给参数 colors
autopct= "%.1f%% ",
shadow = True,
```

```
        startangle = 60)                    # 围绕圆心逆时针选择 60 度角
plt.axis("equal")
plt.title("20xx 年全球浏览器市场份额")
plt.show()
```

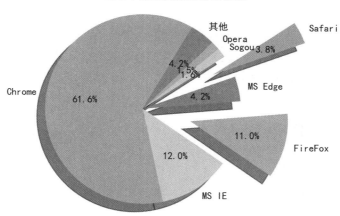

2. 显示图例

在饼图中也能显示图例,但需要利用绘制函数 `pie()` 的返回值。

`pie()` 在绘制完成后将返回一个元组,包含以下元素:

- `patches`:matplotlib.patches.Wedge 实例的列表。
- `texts`:matplotlib.text.Text 实例(标签)的列表。
- `autotexts`:数值标签 Text 实例的列表。

下例采用第一个返回值 `pie[0]`,即实例的列表。

```
%matplotlib inline
import matplotlib.pyplot as plt

plt.rcParams['font.sans-serif'] = ['SimHei']
plt.rcParams['axes.unicode_minus'] = False

浏览器列表 = ["Chrome", "MS IE", "FireFox", "MS Edge", "Safari", "Sogou",
"Opera", "其他"]

市场份额 = [61.64, 11.98, 11.02, 4.23, 3.79, 1.63, 1.52, 4.19]
楔形偏移 = (0,0,0.5,0,0.8,0,0,0)
显示颜色 = ['yellowgreen', 'gold', 'lightskyblue', 'lightcoral']
```

```
pie = plt.pie (市场份额,
               explode = 楔形偏移,
               labels = 浏览器列表,
               colors = 显示颜色,
               autopct = "% .1f%% ",
               shadow = True,
               startangle = 80)
plt.axis("equal")
plt.title("20xx 年全球浏览器市场份额")


plt.legend(pie[0], 浏览器列表, loc = "best")              # 显示图例


plt.show()
```

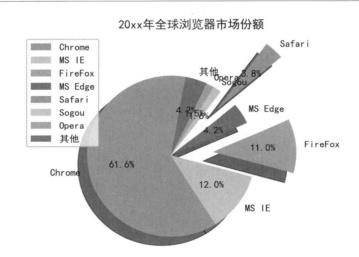

20xx年全球浏览器市场份额

练习

　　1. 上例中只有四种颜色,因此会出现两种不同楔形使用同一种颜色的情况。尝试修改代码使每一个楔形的颜色都不同。

　　2. 图例指示与楔形边的标签内容重复,尝试修改代码关闭楔形边的标签显示。

4.2.3　绘制散点图

　　散点图是用点(或其他类似形状)来表示两个不同变量的值的一种图形,经常用于显示一个变量值对另一个变量值的影响。

　　Matplotlib 至少有以下两种方法可以用于绘制散点图:

　　· 使用 plot() 函数。

- 使用 scatter() 函数。

1. 使用 plot() 函数绘制散点图

plot() 函数不仅可以用来绘制线条图,也可以用来绘制散点图,两者的差别主要是传递给函数的参量不同。绘制线条图(既描点也连线)时,只须将待绘制的点坐标传递给函数 plot(),或者在调用 plot() 时包含有明确指定线形(linstyle)的参量,而要绘制散点图(只描点,不连线),则须指定待绘制点的形状,且不包含线形参量。

下列代码绘制的是一个简单的散点图。

```
%matplotlib inline
import matplotlib.pyplot as plt

plt.plot([1, 2, 3, 4, 5, 6, 7, 8],          # 待绘点的 x- 坐标
         [1, 4, 9, 16, 25, 36, 49, 64],      # 待绘点的 y- 坐标
         'bo')                                # 点的颜色和形状:b- 蓝色,o- 圆形

plt.axis([0, 10, 0, 80])                      # 指定各轴的显示范围

plt.show()
```

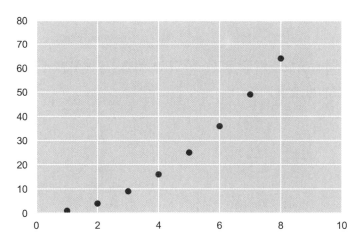

2. 多种图形组合

使用 plot() 函数可以像绘制多个函数图形一样,将多个函数(或指定的数据点)的散点图绘制在同一个坐标中。例如:

```
%matplotlib inline
import matplotlib.pyplot as plt

import numpy as np
```

```
横轴范围 = np.arange(1, 10, 0.2)            # 指定一个横轴范围
plt.plot (横轴范围, (横轴范围) ** (1.5), 'y^',    # 黄色三角标记
         横轴范围, (横轴范围) ** (2.0), 'bo',    # 蓝色圆圈标记
         横轴范围, (横轴范围) ** (2.5), 'r- - '   # 红色虚线标记
         )


plt.axis([0, 8, 0, 80])
plt.show()
```

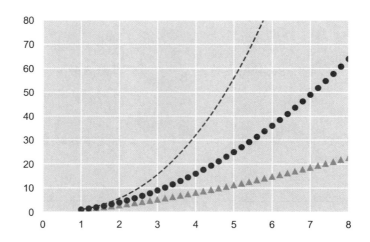

在上例中，对三个不同的函数使用了"颜色-线型"的组合，这种组合还可以有很多种。以下分别列举了常用的颜色和线型的可选项。

```
'r' = red (红色)
'g' = green (绿色)
'b' = blue (蓝色)
'c' = cyan (青色)
'm' = magenta (洋红色)
'y' = yellow (黄色)
'k' = black (黑色)
'w' = white (白色)
```

线型可选项包括但不限于以下七种。

```
'-' = solid (实线)
'- -' = dashed (线状虚线)
```

```
':' = dotted (点状虚线)
'- .' = dot- dashed (点线状虚线)
'.' = points (点状线)
'o' = filled circles (实心小圆点型线)
'^' = filled triangles (实心小三角形线)
```

3. 子绘图

pyplot 模块提供的函数 subplot() 可为当前图形加入子绘图,即在一个图形中绘制多个散点图。subplot() 调用方法如下:

plt.subplot(nrow, ncols, index)

它表示创建一个 nrow × ncols 的子绘图阵列,当前子绘图的索引号为 index。

例如,语句 plt.subplot(2, 3, 4) 的含义是创建一个 2 × 3 的子绘图阵列,当前为第四个子绘图。

在以下例子中,将创建一个包含两个子绘图的图形,并分别在每个子绘图中绘制图形。

```
%matplotlib inline
import matplotlib.pyplot as plt
import numpy as np


x 轴取值范围 = np.arange(1, 4.5, 0.1)


plt.subplot(1, 2, 1)                    # 创建 1×2 子绘图阵列,当前为第一个子绘图
plt.plot([1, 2, 3, 4, 5],
          [1, 8, 27, 64, 125],
          'y^')                         # 绘制一个简单散点图
plt.subplot(122)                        # 当前为第二个子绘图
plt.plot (x 轴取值范围, (x 轴取值范围) ** 2, 'r^',
          x 轴取值范围, (x 轴取值范围) ** 3, 'bo',
          )                             # 绘制两个散点图


plt.axis([0, 5, 0, 60])
plt.show()
```

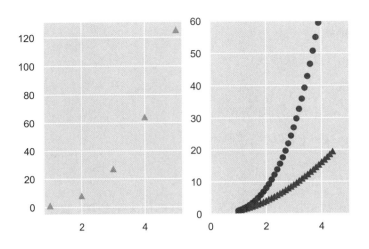

4.3 Matplotlib 面向对象绘图

虽然本书主要采用的是普通绘图模式,但随着数据可视化的应用场景越来越复杂,面向对象绘图模式的可扩展性及适应性相对更好,因此更值得推荐。

普通绘图模式和面向对象绘图模式在使用上有很多共同之处,两者之间的主要区别更多体现在观念上。

在普通绘图模式下,需要确定 Matplotlib 绘图的所有细节。例如,数据是什么? 绘制什么样的图形? 使用什么样的绘制风格? 在图形上标注哪些信息? 等等。然后调用 Matplotlib 中的相应函数完成绘图。这是一种搭建式、面向过程的绘图方式。

在面向对象绘图模式下,Matplotlib 会把要绘制的每一幅图形都当成一个**图形对象**的实例,通过作用该图形对象可用的**方法**产生实例的各个组成部分,然后设置实例的各种**属性**用于指定要绘制图形的各种特性及呈现风格等。这是一种塑造式、面向对象的绘图过程。例如:

```
%matplotlib inline
import matplotlib.pyplot as plt
import matplotlib.font_manager as fm


仿宋字体 = fm.FontProperties(fname = r'C:\Windows\Fonts\simfang.ttf')
# 设置中文显示字体
```

4.3.1 图形和轴

在导入 pyplot 模块时,Matplotlib 在后台实际做了以下两件事情:

(1) 创建一个 Figure(图形)类的实例,包括绘图窗口(及所有元素)对象及其属性。

(2) 在 Figure 中创建 Axes(轴)元素。轴可能有多个,每个轴可视为一个带有独立坐标系的绘图窗口(也称为子绘图),其中数据点可组织成 x 坐标和 y 坐标的形式。

下列代码创建了一个 Figure 和 Axes 的实例。

```
图形对象 = plt.figure()          # 创建一个新图形窗口(对象)
轴 = 图形对象.add_subplot(1, 1, 1)    # 给图形窗口加入一个轴(子绘图)
```

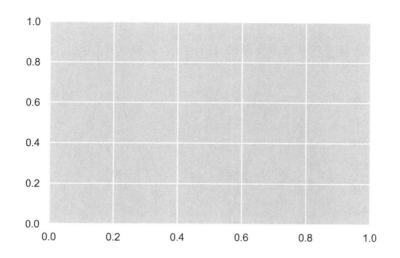

这两条语句创建了一个空白的轴(有独立坐标系的子绘图窗口),现在就可以使用适用于轴的各种方法给空白轴填上一些内容(即构成图形的元素)。

首先使用 plot() 方法在窗口中绘制一个正弦函数的图形。

```
import numpy as np
x = np.linspace(0, 10, 1000)      # 创建一个 x- 轴范围,取 1000 个点
y = np.sin(x)


轴.plot(x, y)                      # 调用 plot 方法在"轴"中绘图


display(图形对象)                  # 重新显示图形
```

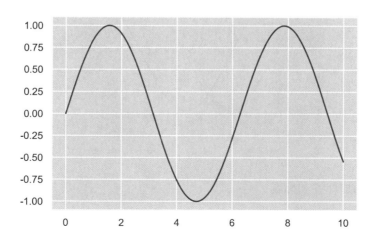

在此基础上再叠加一个余弦函数的图形。

```
y2 = np.cos(x)
轴.plot(x, y2)


图形对象        # 这条语句的作用与上面的 display(图形对象) 类似
```

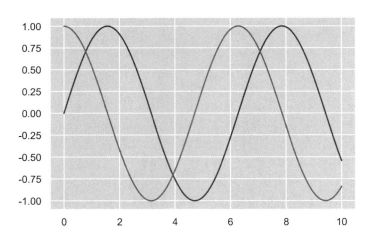

然后，使用方法 set_xlim() 和 legend() 限定坐标轴范围，并添加图例。

```
轴.set_ylim(-1.5, 2.0)
轴.legend(['正弦', '余弦'], prop = 仿宋字体);       # 这里符号';'的作用是关闭警告信息


图形对象
```

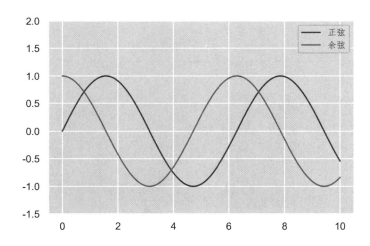

使用下列代码为轴加标签和标题。

```
轴.set_xlabel("$ x$ ", fontproperties = 仿宋字体, fontsize = 14)
```

```
轴.set_ylabel("$ \sin(x), \cos(x) $ ", fontproperties = 仿宋字体, fontsize =
14)
轴.set_title("正弦函数与余弦函数", fontproperties = 仿宋字体, fontsize = 16)

图形对象
```

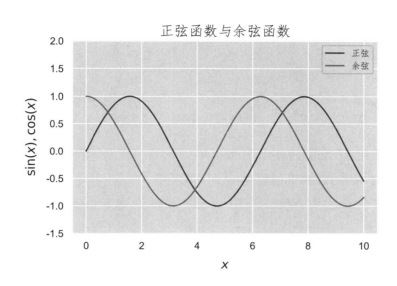

4.3.2　子绘图

作用于图形对象上的方法 add_subplot() 用于创建一个包含任意类型的子绘图网格。

它的调用的格式为：

```
fig.add_subplot(rows, cols, index)
```

各参量的含义如下：

- nrows：子绘图网格的行数。
- ncols：子绘图网格的列数。
- index：所创建子绘图的索引计数。子绘图索引计数从 1 开始，对应的子绘图从左到右、从上到下依次摆放。

以下代码创建了一个空白的 2×3 子绘图网格。

```
图形对象 = plt.figure()


for i in range(1, 7):
    轴 = 图形对象.add_subplot(2, 3, i)
    轴.set_title("子绘图 #%i" %i, fontproperties = 仿宋字体, fontsize = 12)
```

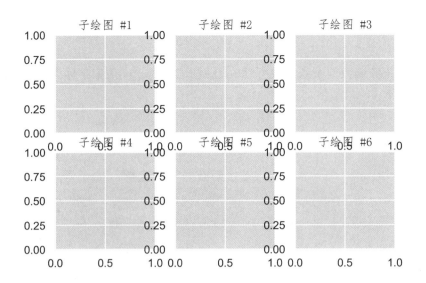

从结果中可以看到,子绘图的标题与坐标轴的标签有重叠,影响阅读,此时可以使用方法 subplots_adjust()调整子绘图间的距离,从而避免重叠。

例如,调整每个子绘图之间的宽度(参量 wspace)和高度(参量 hspace)值如下:

```
图形对象.subplots_adjust(wspace = 0.4, hspace = 0.5)


图形对象
```

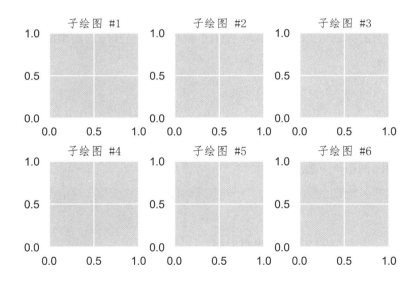

现在,可以在每个子绘图中绘制任何图形了。

```
x = np.linspace(0, 10, 1000)
for i in range(1, 7):
图形对象.axes[i - 1].plot(x, np.sin(i * x))
```

```
#  属性 axes 用于选择"图形对象"的轴(子绘图)索引

图形对象
```

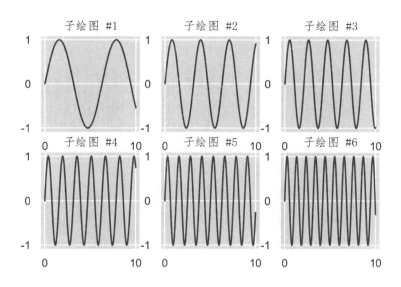

1. subplots 接口

Matplotlib 从 1.0 版开始,新增了一个更精细的子绘图接口 subplots()(注意这个单词是复数形式),用来同时创建图形及子绘图。

首先,创建一个图形和轴。

```
图形, 轴 = plt.subplots()

轴.plot(x, np.sin(x))
```

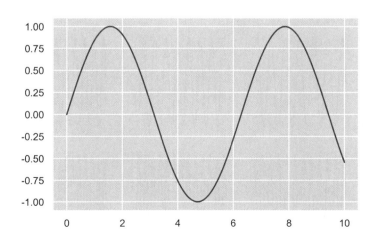

使用与前面相同的数据,可以一次性创建多个子绘图。

```
图形, 轴 = plt.subplots(2, 3)    # 创建一个 2×3 子绘图网格


for i in range(1, 3):
    for j in range(1, 4):
        轴[i- 1, j- 1].plot(x, np.sin((3 * i + j) * x))
```

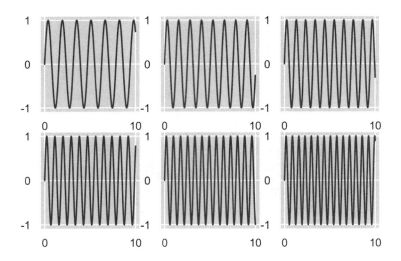

如果所有子绘图的 x 和 y 范围相同,可以设置参数 sharex 或 sharey 的值去除子绘图上多余的标签。

```
图形, 轴 = plt.subplots(2, 3, sharex = True, sharey = True)   # 2×3 子网格共享相同的坐
#标范围


for i in range(1, 3):
    for j in range(1, 4):
        轴[i - 1, j - 1].plot(x, np.sin((3 * i + j) * x))
```

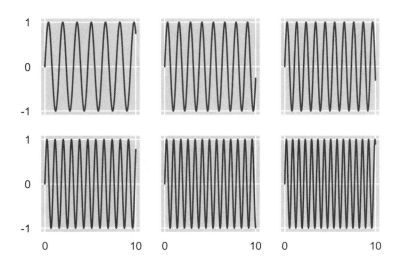

2. 复杂子绘图网格

Matplotlib 1.0 还引入了 `gridspec()` 函数,用于创建多个复杂子绘图的网格。

```
图形对象 = plt.figure(figsize = (8, 8))
复杂网格 = plt.GridSpec(3, 3)                    # 创建一个'3 x 3'子绘图的网格
第1个轴 = 图形对象.add_subplot(复杂网格[0,:])     # 将整个第1行的子绘图作为"第1个轴"
第2个轴 = 图形对象.add_subplot(复杂网格[1,:2])    # 将第2行的前2个子绘图作为"第2个轴"
第3个轴 = 图形对象.add_subplot(复杂网格[1:, 2])   # 将第3列的后两个子绘图作为"第3个轴"
第4个轴 = 图形对象.add_subplot(复杂网格[2, 0])    # 将第3行、第1列的子绘图作为"第4个轴"
第5个轴 = 图形对象.add_subplot(复杂网格[2, 1])    # 将第3行、第2列的子绘图作为"第5个轴"
```

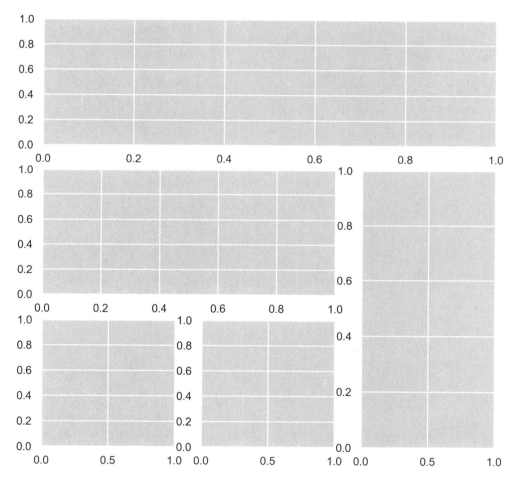

3. 添加文本

在图形中添加标记和注解可使图形更容易被理解。之前使用 `set_xlabel()`、`set_ylabel()` 和 `set_title()` 等加标记或注解的方法,所允许的标记或注解的种类通常比较简单,不能满足复杂应用场景的需要。下面介绍如何使用 `text()` 和 `annotate()` 方法在图形中加注解。

想在绘图中添加文本,可以使用 `text()` 方法。所添加的文本中还可以包含用 LaTex 书写的数学公式。

提示

　　LaTex 是用于撰写数学及科学出版物的一种标注语言,现已成为国际通用的科学出版格式之一。LaTex 语言及其排版系统由著名计算机科学家 Donald Knuth 于 20 世纪 70 年代发明。

　　Jupyter Notebook 的标记单元(Markdown)中支持绝大多数 LaTex 排版语句。LaTex 排版语句夹在一对 $ 符号中通过 LaTex 系统进行解释。

例如:

```
图形, 轴 = plt.subplots()

轴.text (0.5, 0.5,                          # 添加文本起始位置的坐标
        '一元二次方程: $ ax^2 + bx + c = 0.$ ',   # 添加的文本内容
        fontproperties = 仿宋字体,            # 使用的中文字体
        size = 18,                          # 显示字体大小
        ha = 'center',                      # 水平对齐方式
        va = 'center')                      # 垂直对齐方式
```

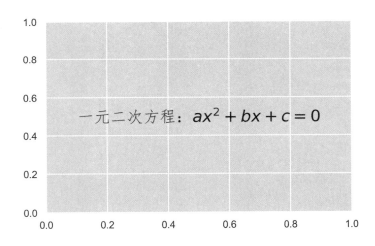

如果文本的位置要通过轴的坐标确定,使用 annotate() 比 text() 更合适。例如:

```
图形, 轴 = plt.subplots()

轴.annotate ('轴的起始位置: 0.25 ',
            (0.25, 0.25),
            textcoords = 'axes fraction',
            fontproperties = 仿宋字体,
```

```
                    size = 20)
轴.annotate ('值的起始位置：0.25',
            (0.25, 0.25),
            textcoords = 'data',
            fontproperties = 仿宋字体,
            size = 20)


轴.set_ylim(0, 0.5)
```

......

```
import sys
(0, 0.5)
```

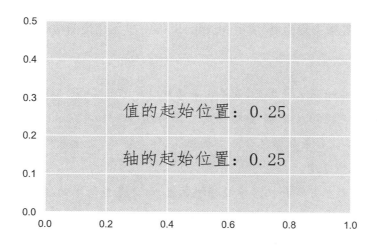

```
图形, 轴 = plt.subplots()

轴.annotate ('原点在这里！',
            (0, 0),
            (0.15, 0.15),
            arrowprops = dict (arrowstyle = '- > ', connectionstyle = 'arc3,
            rad = 0.5'),
            xycoords = 'data',
            textcoords = 'axes fraction',
            color = 'r',
            fontproperties = 仿宋字体,
            )
```

Text(0.15, 0.15, '原点在这里！')

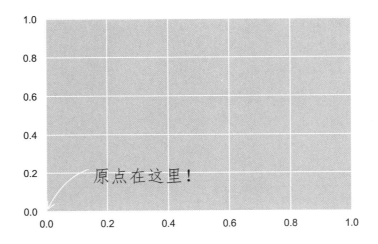

4.3.3 数据可视化应用案例

本节以著名的鸢尾花数据集为例，演示 Matplotlib 的一些常用绘图功能。

> **提示**
>
> 鸢尾花数据集 Iris 有很长的历史，最早由著名统计学家费雪（R. A. Fisher）于 1936 年公布。鸢尾花数据集共包含有 150 个数据样本，分为 3 个类属（Setosa，Versicolour，Virginica），每个类属有 50 个数据样本。每条数据包含 4 个属性（也称为特征、变量或列），分别为花萼长度、花萼宽度、花瓣长度、花瓣宽度。
>
> 鸢尾花数据集是数据分析和机器学习领域最流行，也是最简单的数据集之一，通常用于初学者检验和练习算法。设定的任务通常是根据某花卉的 4 个属性预测它的类属。

```
%matplotlib inline
import pandas as pd

import matplotlib.pyplot as plt
import matplotlib.font_manager as fm

仿宋字体 = fm.FontProperties(fname = r'C:\Windows\Fonts\simfang.ttf')

鸢尾花数据 = pd.read_csv('iris.csv', names = ['萼片长度', '萼片宽度', '花瓣长度',
'花瓣宽度', '类属'])
```

1. 绘制散点图

在 Matplotlib 中创建散点图可以使用 scatter() 方法。

在下例中,先创建图形和轴,绘制散点图,然后给图形加上标题和标签。

```
# 创建图形和轴
图形, 轴 = plt.subplots()

# "萼片长度"关于"萼片宽度"的散点图
轴.scatter(鸢尾花数据['萼片长度'], 鸢尾花数据['萼片宽度'])

# 设置标题和标签
轴.set_title('鸢尾花数据', fontproperties = 仿宋字体, fontsize = 14)
轴.set_xlabel('萼片长度', fontproperties = 仿宋字体, fontsize = 12)
轴.set_ylabel('萼片宽度', fontproperties = 仿宋字体, fontsize = 12)

# 显示图形
plt.show()
```

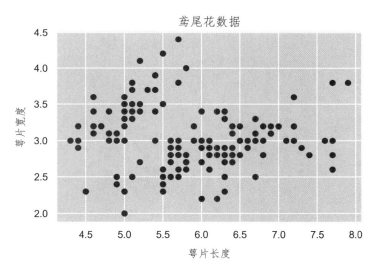

为了区分不同类属的数据点,可以根据数据点所代表的类属为其着上不同颜色。为此,可以通过创建一个字典达到区分颜色的目的,该字典将每一种类属映射到一种颜色,并使用一个 for 循环来遍历每个数据点,传递相应的颜色。

```
# 创建颜色字典
颜色映射表 = {'Iris-setosa':'r', 'Iris-versicolor':'g', 'Iris-virginica':'b'}

# 创建图形和轴
```

```
图形, 轴 = plt.subplots()


# 绘制每个数据点
for i in range(len(鸢尾花数据['萼片长度'])):
    轴.scatter(鸢尾花数据['萼片长度'][i],
              鸢尾花数据['萼片宽度'][i],
              color = 颜色映射表[鸢尾花数据['类属'][i]])


# 设置标题和标签
轴.set_title('鸢尾花数据', fontproperties = 仿宋字体, fontsize = 14)
轴.set_xlabel('萼片长度', fontproperties = 仿宋字体, fontsize = 12)
轴.set_ylabel('萼片宽度', fontproperties = 仿宋字体, fontsize = 12)


# 显示图形
plt.show()
```

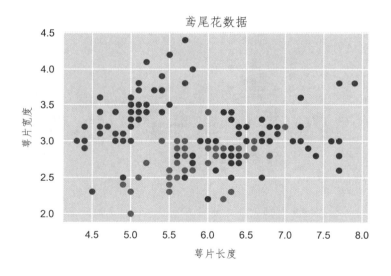

2. 绘制折线图

与前面的普通绘图模式类似,plot()方法可以用来创建折线图。在面向对象模式下的同一幅图形中可绘制由多个数据列产生的图形。

```
# 获取要绘制的四个数据列(不包括"类属")
数据集属性 = 鸢尾花数据.columns.drop(['类属'])


# 创建横坐标数据
```

```
横坐标数据 = range(0, 鸢尾花数据.shape[0])


# 创建图形和轴
图形, 轴 = plt.subplots()


# 绘制每个列
for column in 数据集属性:
    轴.plot(横坐标数据, 鸢尾花数据[数据集属性])


# 设置标题和图例说明
轴.set_title('鸢尾花数据', fontproperties = 仿宋字体, fontsize = 14)
轴.legend(['萼片长度', '萼片宽度', '花瓣长度', '花瓣宽度'], prop = 仿宋字体)


# 显示图形
plt.show()
```

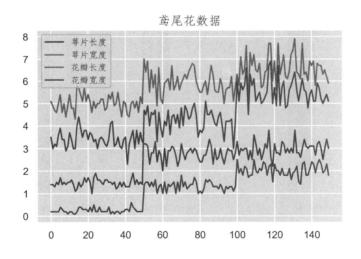

3. 绘制直方图

在 Matplotlib 的面向对象模式中,可以使用 hist() 方法创建直方图。

在鸢尾花的例子中,可以将数据代表的类属作为参量传递给 hist() 方法,它将计算出每个类属的出现频率。

> **注意**
>
> 因为鸢尾花数据集的三个类属中的数据点都是 50 个,因此绘制直方图(以及后面的条形图)仅仅是为了展示对应方法的用法,实际意义不大。

```
# 创建图形和轴
图形, 轴 = plt.subplots()

# 绘制直方图
轴.hist(鸢尾花数据['类属'])

# 设置标题和标签
轴.set_title('鸢尾花数据', fontproperties = 仿宋字体, fontsize = 14)
轴.set_xlabel('类属', fontproperties = 仿宋字体, fontsize = 12)
轴.set_ylabel('频率', fontproperties = 仿宋字体, fontsize = 12)

# 显示图形
plt.show()
```

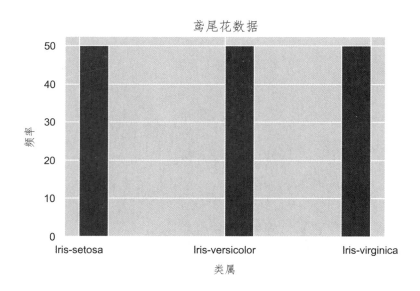

4. 绘制条形图

条形图须使用方法 bar() 来创建。与直方图不同的是，使用方法 bar() 不会自动计算各个类属的出现频率，因此需要使用 Pandas 的 value_counts() 函数来完成这项操作。

```
# 创建图形和轴
图形, 轴 = plt.subplots()

# 计算每个类别的出现次数
```

```
分布数据 = 鸢尾花数据['类属'].value_counts()


# 获取 x 和 y 数据
数据 = 分布数据.index
频率 = 分布数据.values


# 创建条形图
轴.bar(数据, 频率)


# 设置标题和标签
轴.set_title('鸢尾花数据', fontproperties = 仿宋字体, fontsize = 14)
轴.set_xlabel('类属', fontproperties = 仿宋字体, fontsize = 12)
轴.set_ylabel('频率', fontproperties = 仿宋字体, fontsize = 12)


# 显示图形
plt.show()
```

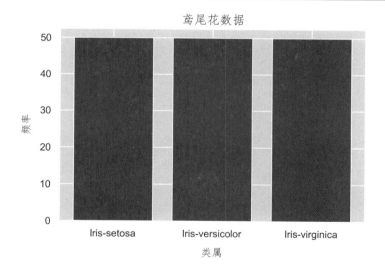

4.3.4 三维绘图

虽然 Matplotlib 以绘制二维图形为主,但从 1.0 版本开始,Matplotlib 引进了一个新的 3D 绘图工具包,用于生成基本的 3D 图形。

> **注意**
>
> 在绘制 3D 图形时,为了保持三维图形所特有的交互功能(如推拉、缩放、改变视角等),需要运行下列魔法指令,关闭行间显示模式。所有图形将绘制在一个新的窗口中,用鼠标或功能键

实现缩放、拉伸及改变视角等常规 3D 操作。

```
%pylab
```

Using matplotlib backend: Qt5Agg

Populating the interactive namespace from numpy and matplotlib

C:\Users\Admin\Anaconda3\lib\site- packages\IPython\core\magics\pylab.py:160:

UserWarning: pylab import has clobbered these variables: ['pie', 'imread']

'%matplotlib' prevents importing * from pylab and numpy

  "\n'%matplotlib' prevents importing * from pylab and numpy"

    另一种产生真正 3D 图形的方法是在 Python 命令行模式（即 REPL 模式）下运行程序。首先，用魔法命令％％writefile filename.py 将包含 3D 绘图的代码写到一个 Python 脚本文件中，然后在 Python 命令行下运行该脚本。

1. 绘制 3D 散点图

    绘制 3D 散点图的函数用法及参量关键词与绘制二维散点图的情况类似，也是利用 scatter() 函数绘制的。

```
# 导入 3D 绘图工具包
from mpl_toolkits.mplot3d import Axes3D


图形 = plt.figure()
```

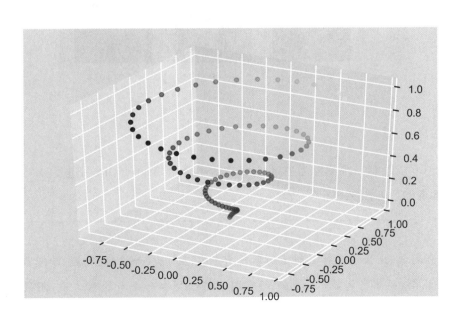

```
轴 = Axes3D(图形)        # 建立一个3D轴
z = np.linspace(0, 1, 100)
x = z * np.sin(20 * z)
y = z * np.cos(20 * z)


c = x + y


轴.scatter(x, y, z, c = c)
```

2. 绘制 3D 线条图

3D 绘图和 2D 绘图的 `plot()` 函数也有类似的参量结构。

```
图形 = plt.figure()
轴 = Axes3D(图形)


轴.plot(x, y, z, '-r')
```

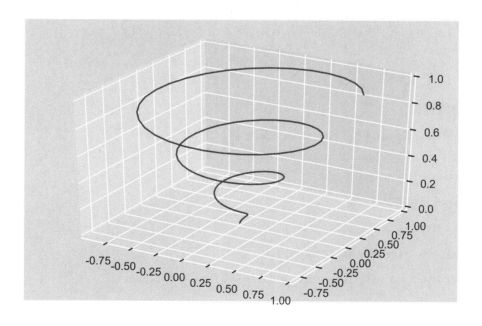

3. 绘制 3D 曲面图

要绘制 3D 曲面图，须使用方法 `plot_surface()`。

```
x = np.outer(np.linspace(-2, 2, 30), np.ones(30))
y = x.copy().T
```

```
z = np.cos(x ** 2 + y ** 2)
图形 = plt.figure()
轴 = Axes3D(图形)


轴.plot_surface(x, y, z, cmap = plt.cm.jet, rstride = 1, cstride = 1,
linewidth = 0)
```

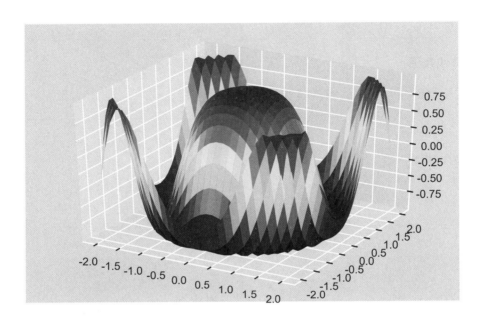

4. 绘制 3D 线框图

3D 线框图使用方法 plot_wireframe() 来绘制。

```
u = np.linspace(0, np.pi, 30)
v = np.linspace(0, 2 * np.pi, 30)
x = np.outer(np.sin(u), np.sin(v))
y = np.outer(np.sin(u), np.cos(v))
z = np.outer(np.cos(u), np.ones_like(v))


图形 = plt.figure()
轴 = Axes3D(图形)


轴.plot_wireframe(x, y, z)
```

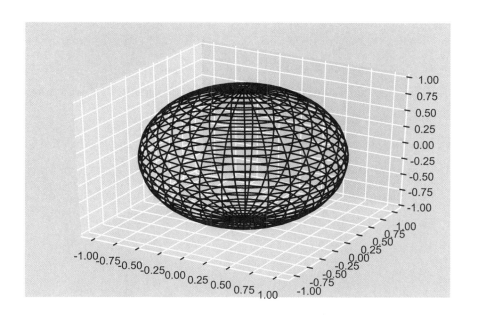

4.4　使用 Seaborn 绘图

理论上,Matplotlib 可以绘制数据可视化应用中用到的绝大多数图形,但要真正得到理想的图形还要做许多额外的工作,包括尝试合适的配色、绘图风格和呈现形式等,这些都需要非常仔细地调配各种参数设置。当要处理的数据量变得庞大,且想要找出多个变量之间关系时,如果无法预知什么样的图形既美观又有效,那么数据可视化工作的开展将变得十分困难。

Seaborn 是基于 Matplotlib 的一个数据可视化扩展库,它弥补了 Matplotlib 的一些短板。Seaborn 提供了更高阶的抽象机制,与 Pandas 的数据结构集成更紧密,使直接从数据中构建复杂可视化图形(特别是统计图形)变得更容易。另一方面,Seaborn 也为 Matplotlib 提供了很多现成的预置风格显示模板(如 4.1.3 节介绍的定制风格)。本节将通过一些具体案例,展示 Seaborn 的几个典型用法。

1. 导入数据集

在使用 Seaborn 绘图时导入数据的常用途径有两种:

(1) 通过 Seaborn 的内建数据集模块直接导入(需要联网)。

(2) 通过 Pandas 的 `read_csv()` 函数加载数据集文件。

Seaborn 有内建的数据集模块 dataset,要想查看该模块中所有数据集的名称,须使用函数 `get_dataset_names()`。

```
import seaborn as sns
sns.set(font= 'SimHei')      # 初始化:将系统显示字体设置为中文黑体


sns.get_dataset_names()      # 获取可用数据集名称的列表
```

```
C:\Users\Admin\Anaconda3\lib\site- packages\seaborn\utils.py:376: UserWarnin
g: No parser was explicitly specified, so I'm using the best available HTML parser
for this system ("lxml"). This usually isn't a problem, but if you run this code on
another system, or in a different virtual environment, it may use a different
parser and behave differently.
The code that caused this warning is on line 376 of the file C:\Users\Admin\
Anaconda3\lib\site- packages\seaborn\utils.py. To get rid of this warning, pass
the additional argument 'features= "lxml"' to the BeautifulSoup construct or.
    gh_list = BeautifulSoup(http)
['anscombe',
 'attention',
 'brain_networks',
 'car_crashes',
 'diamonds',
 'dots',
 'exercise',
 'flights',
 'fmri',
 'gammas',
 'iris',
 'mpg',
 'planets',
 'tips',
 'titanic']
```

如果要读取模块中的某个数据集,只须将上述列表中的数据集名称作为参量传递给函数 load_ dataset() 即可。

直接读取内建数据集的方法虽然简单易用,但数据集数量有限,而且装载过程要依赖网络连接。因此,在本书中,主要采用直接读取数据文件的方法。为便于对比,以下案例仍然使用 Iris(鸢尾花)数据集作为示范。

```
import pandas as pd
鸢尾花数据 = pd.read_csv('iris.csv', names = ['萼片长度', '萼片宽度', '花瓣长度',
'花瓣宽度', '类属'])
鸢尾花数据.head()
```

	萼片长度	萼片宽度	花瓣长度	花瓣宽度	类属
0	5.1	3.5	1.4	0.2	Iris-setosa
1	4.9	3.0	1.4	0.2	Iris-setosa
2	4.7	3.2	1.3	0.2	Iris-setosa
3	4.6	3.1	1.5	0.2	Iris-setosa
4	5.0	3.6	1.4	0.2	Iris-setosa

2. 绘制散点图

在 Seaborn 中可以使用方法 scatterplot() 创建散点图,调用时需要将两个数据特征列(列名称)传递给参量 x 和 y,同时还要将数据作为附加参数进行传递。

```
轴 = sns.scatterplot(x = '萼片长度', y = '萼片宽度', data = 鸢尾花数据)
```

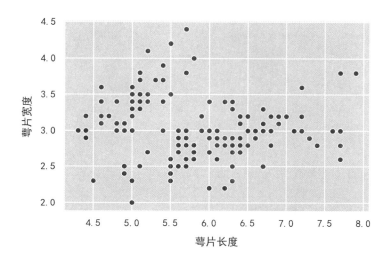

若要逐个突出所显示的点,可以增加参量 hue 即可。

```
sns.scatterplot(x = '萼片长度', y = '萼片宽度', hue = '类属', data = 鸢尾花数据)
```

< matplotlib.axes._subplots.AxesSubplot at 0x22dce97fc08>

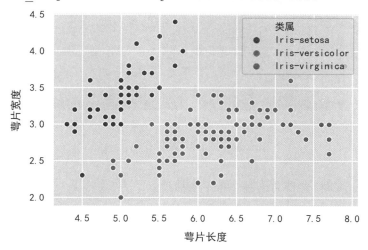

3. 绘制折线图

在 Seaborn 中创建折线图(线条图)使用 lineplot() 方法,调用该方法所需要的唯一参量是数据本身。

```
sns.lineplot(data = 鸢尾花数据.drop(['类属'], axis = 1))
```

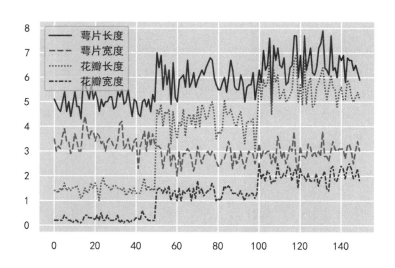

4. 绘制直方图

在 Seaborn 中创建直方图要使用 distplot() 方法,它会自动计算不同宽度萼片出现的次数。

```
sns.distplot(鸢尾花数据['萼片宽度'], bins = 10, kde = False)
```

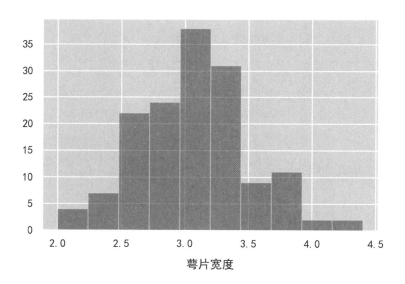

当 kde 的值为 True 时,会自动绘制一条平滑曲线。

```
sns.distplot(鸢尾花数据['萼片宽度'], bins = 10, kde = True)
```

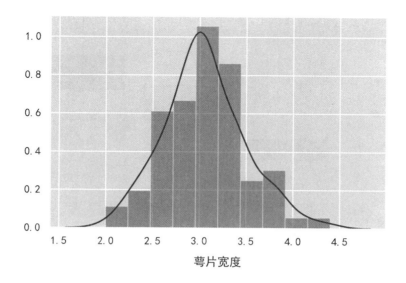

5. 绘制条形图

条形图与直方图的区别在于,前者只进行直接计数,未经过规范化(变成分布)。从绘制条形图方法的名称上也可以看出这一点。Seaborn 中创建条形图的方法为 countplot(),意思是"绘制计数图形"。调用该方法时,只须将数据作为参量传递即可。

```
sns.countplot(鸢尾花数据['萼片宽度'])
```

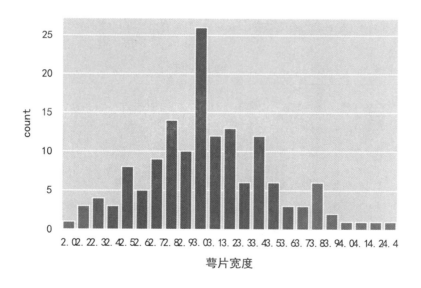

6. 绘制箱形图

箱形图是一种显示五个典型百分位数摘要信息的图示方法。与条形图类似,箱形图只对类别数量较少的数据才比较有用,数据类别较多时,绘制出的图形会显得比较混乱。

使用 Seaborn 的 boxplot()方法创建箱形图,只须将数据及 x 列和 y 列的名称作为参量传递即可。

```
sns.boxplot('类属','萼片长度', data = 鸢尾花数据)
```

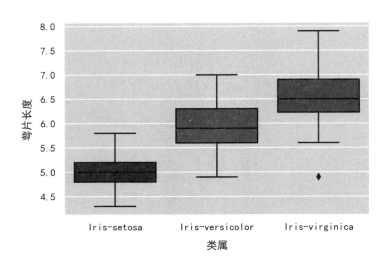

7. 绘制剖面图

剖面图是由用于剖析数据变量的多个子图组合而成的图形。如果想快速浏览数据集并对各个变量之间的关系有一个整体印象,使用剖面图非常合适。

在 Seaborn 中创建剖面图有两个步骤:

(1) 使用 FacetGrid 创建一个剖面子图的网格对象,并为每个子图传递数据、行和列。该步骤的目的是分割数据。

(2) 使用 map() 在 FacetGrid 对象上调用相应的绘图函数,定义绘图类型,以及想要绘制的数据列。

```
剖面网格 = sns.FacetGrid(鸢尾花数据, col = '类属')

剖面网格 = 剖面网格.map(sns.kdeplot, '萼片长度')
```

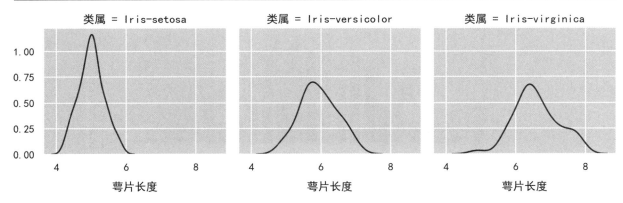

8. 绘制结对图

结对图也称矩阵图,用于分析多维数据中变量之间的相互关系。Seaborns 中的 pairplot() 方法可以用于绘制数据集的结对关系网格图。调用 pairplot() 方法时,除了必须传递数据参量外,还可以使用参量 hue 指定不同的显示颜色。

```
sns.pairplot(鸢尾花数据, hue = '类属')
```

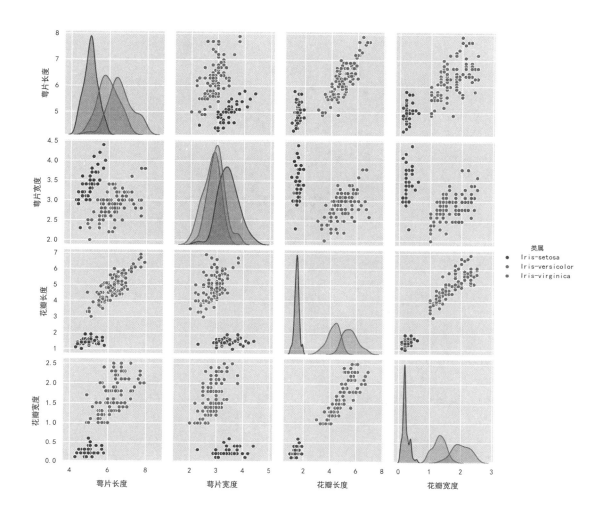

4.5 使用 Pandas 绘图

作为一个完整的用于数据处理与分析的 Python 扩展包，Pandas 自带全功能的可视化模块。虽然 Pandas 的可视化函数（或方法）是基于 Matplotlib 或 Seaborn 的，但是封装得更高阶，因此要获得与 Matplotlib 或 Seaborn 类似的可视化效果需要的代码更少。此外，Pandas 可视化函数的另一个特点是，它能与 DataFrame 和 Series 数据结构紧密集成，使创建图表变得非常容易。

仍以鸢尾花数据集为例，介绍 Pandas 常用绘图函数的用法。

1. 绘制散点图

要使用 Pandas 创建散点图，可以调用方法 `plot.scatter()`，该方法必须传递两个参量：x 列和 y 列的名称。此外，还可以选择传递图形的标题。

```
绘图数据 = 鸢尾花数据.plot.scatter(x = '萼片长度', y = '萼片宽度', title = '鸢尾花
数据')


plt.show()
```

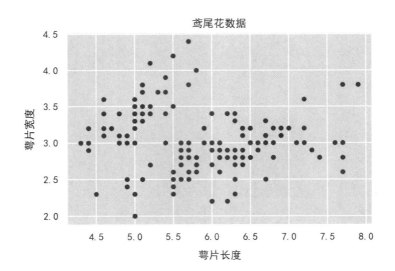

2. 绘制折线图

在 Pandas 中,可以使用方法 `plot.line()` 绘制折线图。

```
鸢尾花数据.drop(['类属'], axis = 1).plot.line(title = '鸢尾花数据')

plt.show()
```

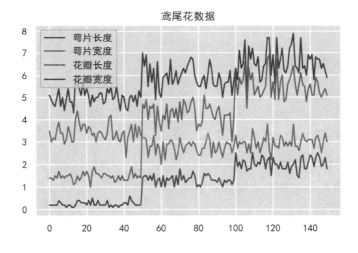

> **提示**
>
> 　　使用 Matplotlib 绘制折线图时,需要遍历数据的每一列,而在 Pandas 中不需要这样做,因为它会自动绘制所有可用的数据列。此外,如上图所示,如果绘制多个数据列,Pandas 会自动为每个数据列对应的图形创建一个图例说明。

3. 绘制直方图

在 Pandas 中创建直方图也十分简单,只须调用 `plot.hist()` 方法,该方法不需要传递任何参量,但可以选择传递一些定制属性值,如 bin 的大小等。

```
鸢尾花数据['萼片长度'].plot.hist()

plt.show()
```

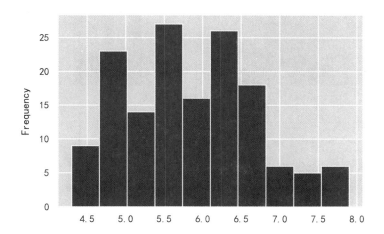

也可以将四个数据列的直方图显示在同一个图形中。

```
鸢尾花数据.plot.hist(subplots = True, layout = (2, 2), figsize = (10, 10),
bins = 15)

plt.show()
```

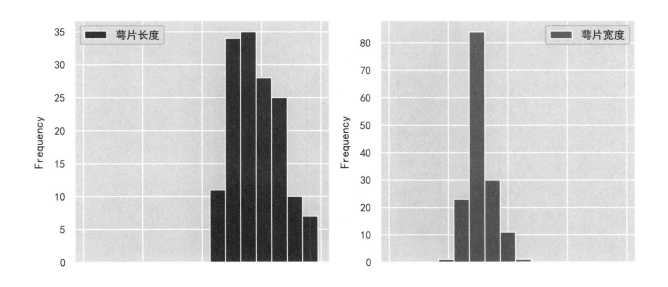

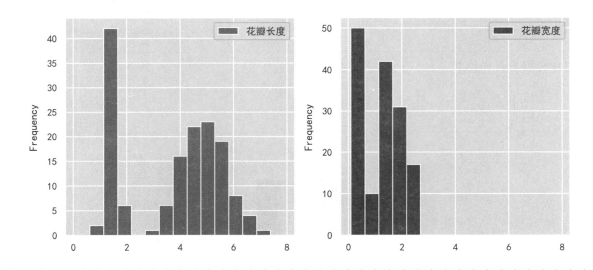

提示

在上面的代码中,plot.hist()中所出现的各个参量的含义如下:

- subplots:指示是否将待要绘制的各数据列图形显示为子绘图的模式。

- layout:指定所绘制图形中子绘图的行数和列数。

- figsize:指定的大小。

- bins:指定一个子绘图中能装下的"条带"最大数目。

4. 绘制条形图

在 Pandas 中绘制条形图须使用 plot.bar() 方法。在调用该方法之前需要获取数据,为此先使用 value_count() 方法计算每个属性出现的次数,然后使用 sort_index() 方法将出现的次数按从小到大的顺序进行排列。例如:

```
鸢尾花数据['类属'].value_counts().sort_index().plot.bar()
plt.show()
```

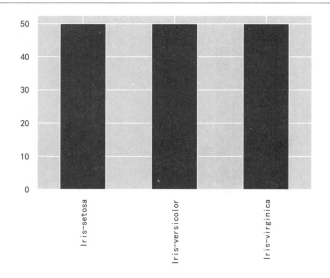

还可以使用 plot.barh() 方法绘制水平条形图。

```
鸢尾花数据['类属'].value_counts().sort_index().plot.barh()

plt.show()
```

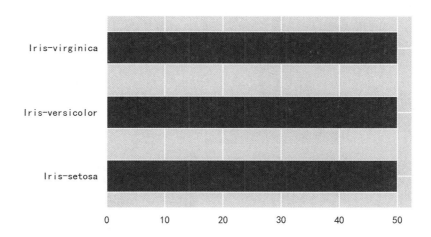

5. 绘制结对图

Pandas 的 scatter_matrix() 函数可用于绘制结对图。scatter_matrix() 的意思是"散点图矩阵",因此结对图也称为矩阵图。

> **注意**
>
> 　　我们将 scatter_matrix() 称为绘图"函数",而不是"方法"。尽管在实践中,方法也经常被称为函数,但两者还是有区别的。请读者在下面的实例中注意观察"函数"和"方法"用法的差别。

```
# 导入函数
from pandas.plotting import scatter_matrix

图形, 轴 = plt.subplots(figsize = (12, 12))
scatter_matrix(鸢尾花数据, alpha = 1, ax = 轴)

plt.show()
```

......

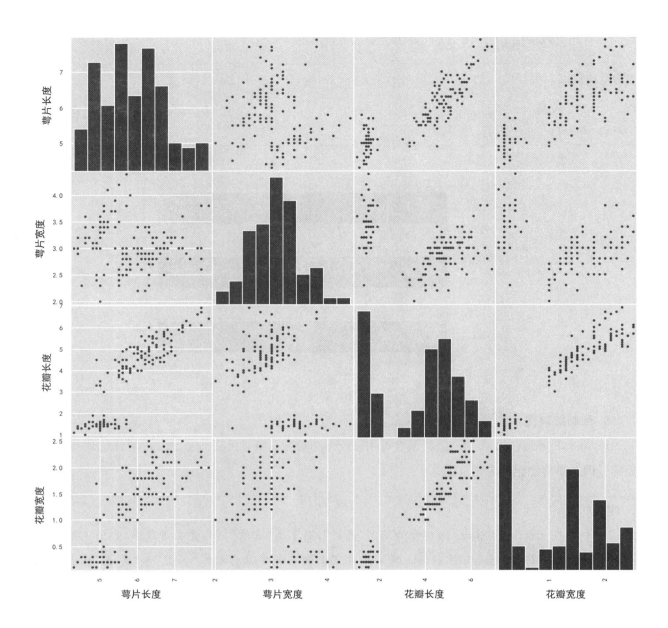

第五章 从数据分析到深度学习

本章将在 Python 编程及其扩展库内容的基础上，介绍探索性数据分析和深度学习两个主题。采用结合典型案例的方法，简要解释相关领域的概念及核心思想，重点分析概念框架、建模过程和实现要点。

- 探索性数据分析和深度学习是两个逻辑上互相独立的主题，读者可根据自己的兴趣按照任意次序阅读。
- 本章尽量选择在数据分析和机器学习领域比较基础和有代表性的内容和案例，期望能反映相应领域一些最核心的概念、思想和方法。这些领域过于庞大复杂，仅凭几个案例很难对其有全面了解，因此，读者可以将本章视为深入学习相关领域的引子。
- 限于篇幅和本章有限的目标，正文中有意回避了一些概念，难以回避的，也仅作简要的解释，如因果关系、张量、(静态和动态)计算图、线性模型等。
- 为了更好地掌握基本建模方法和模型训练过程，我们鼓励读者使用自己熟悉的应用场景或数据集替换对应案例中的应用场景或数据集，及时保存新数据训练的模型，同时提供简要文档说明。

5.1 探索性数据分析

在数据分析(数据科学)中，**探索性数据分析**(EDA)是指通过汇总数据集的主要特征(通常使用可视化的途径)进行分析的一种方法，包括理解数据、获取数据情境、描述变量与变量之间关系、叙述针对预测模型的各种假设等。因此，探索性数据分析的含义接近于描述统计和推断统计两者的交叉部分，略偏向于推断统计。

> **提示**
>
> **描述统计学**和**推断统计学**是统计学的两大分支。描述统计聚焦数据的**结果**(数据的分布情况如何？反映了哪些趋势和规律？)，而推断统计更关注分析数据背后的**原因**(什么原因导致了这样的趋势？)。

- **描述统计**涉及数据收集、处理、汇总、图表、概括与分析的方法等方面。
- **推断统计**研究的是利用样本数据推断总体特征的一般方法。

5.1.1 EDA 过程

任何数据分析任务都是由某些待解决的关键问题或目标所引出的。例如,本节案例使用的是一个关于房屋的数据集,重点关注以下两个目标:

(1) 理解数据集中的个体变量。

(2) 理解数据集中的各个变量与房屋销售价格的关系。

明确了问题之后,关于数据集的背景信息知道得越多越好。通常,首先要考察数据集中每个变量,思考变量的含义及其对解决问题的意义。

> **提示**
>
> 　　在数据分析及统计学中,与**变量**有类似或相同含义的词有很多,如属性、特征、数据列、值等。具体使用哪种名称,视使用习惯、场合及应用情景而定。此外,数据分析中变量一词的用法不像数学中的变量那么严格。

数据集中的每个变量都有相应的**类型**(type)(容易与 Python 中的数据类型混淆)。根据类型的不同,变量大致上可分为**数值型**(numeric)和**类属型**(categorical):

- **数值型变量**的值为数(如整数或浮点数)。数值型变量可细分为**连续型**和**离散型**。
- **类属型变量**的值为类属或类别(可以用文字描述)。类属型变量可细分为**序数型**(即带有先后次序的类属)和**命名型**。

变量类型之间的关系,如图 5-1 所示。

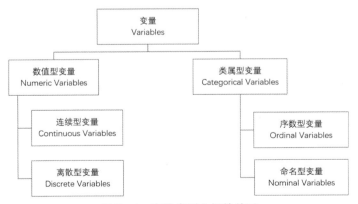

图 5-1　变量类型之间的关系

5.1.2 描述统计

下列一组代码片段用于完成本案例的各项准备工作,包括载入数据集、识别变量及其类型,以及一些常规的描述统计计算等。

```
# - - 导入所需要的扩展包- -
%matplotlib inline
import numpy as np
import matplotlib.pyplot as plt
import seaborn as sns
import pandas as pd
from IPython.display import Image
```

1. 载入数据集

通过以下代码片段载入数据集。

```
房屋数据 = pd.read_csv('house_train.csv')
```

```
房屋数据
```

	Id	MSSubClass	MSZoning	LotFrontage	LotArea	Street	Alley	LotShape	LandConto
0	1	60	RL	65.0	8450	Pave	NaN	Reg	L
1	2	20	RL	80.0	9600	Pave	NaN	Reg	L
2	3	60	RL	68.0	11250	Pave	NaN	IR1	L
3	4	70	RL	60.0	9550	Pave	NaN	IR1	L
4	5	60	RL	84.0	14260	Pave	NaN	IR1	L
...	...	...	...	...	...	...	...	...	
1455	1456	60	RL	62.0	7917	Pave	NaN	Reg	L
1456	1457	20	RL	85.0	13175	Pave	NaN	Reg	L
1457	1458	70	RL	66.0	9042	Pave	NaN	Reg	L
1458	1459	20	RL	68.0	9717	Pave	NaN	Reg	L
1459	1460	20	RL	75.0	9937	Pave	NaN	Reg	L

1460 rows × 81 columns

通过以下代码打印出房屋数据的行数和列数。

```
房屋数据.shape
```

```
(1460, 81)
```

从结果可以发现,本数据集有 1460 个数据行(也称数据记录)和 81 个数据列(变量)。

使用下列代码片段打印房屋数据集中每个变量的信息。

```
房屋数据.info()
```

< class 'pandas.core.frame.DataFrame '>

RangeIndex: 1460 entries, 0 to 1459

Data columns (total 81 columns):

Id   1460 non-null int64

MSSubClass   1460 non-null int64

MSZoning   1460 non-null object

LotFrontage   1201 non-null float64

LotArea   1460 non-null int64

Street   1460 non-null object

Alley   91 non-null object

LotShape   1460 non-null object

LandContour   1460 non-null object

Utilities   1460 non-null object

LotConfig   1460 non-null object

LandSlope   1460 non-null object

Neighborhood   1460 non-null object

Condition1   1460 non-null object

Condition2   1460 non-null object

BldgType   1460 non-null object

HouseStyle   1460 non-null object

OverallQual   1460 non-null int64

OverallCond   1460 non-null int64

YearBuilt   1460 non-null int64

YearRemodAdd   1460 non-null int64

RoofStyle   1460 non-null object

RoofMatl   1460 non-null object

Exterior1st   1460 non-null object

Exterior2nd   1460 non-null object

MasVnrType   1452 non-null object

MasVnrArea   1452 non-null float64

ExterQual   1460 non-null object

ExterCond   1460 non-null object

Foundation   1460 non-null object

```
BsmtQual          1423 non-null object
BsmtCond          1423 non-null object
BsmtExposure      1422 non-null object
BsmtFinType1      1423 non-null object
BsmtFinSF1        1460 non-null int64
BsmtFinType2      1422 non-null object
BsmtFinSF2        1460 non-null int64
BsmtUnfSF         1460 non-null int64
TotalBsmtSF       1460 non-null int64
Heating           1460 non-null object
HeatingQC         1460 non-null object
CentralAir        1460 non-null object
Electrical        1459 non-null object
1stFlrSF          1460 non-null int64
2ndFlrSF          1460 non-null int64
LowQualFinSF      1460 non-null int64
GrLivArea         1460 non-null int64
BsmtFullBath      1460 non-null int64
BsmtHalfBath      1460 non-null int64
FullBath          1460 non-null int64
HalfBath          1460 non-null int64
BedroomAbvGr      1460 non-null int64
KitchenAbvGr      1460 non-null int64
KitchenQual       1460 non-null object
TotRmsAbvGrd      1460 non-null int64
Functional        1460 non-null object
Fireplaces        1460 non-null int64
FireplaceQu        770 non-null object
GarageType        1379 non-null object
GarageYrBlt       1379 non-null float64
GarageFinish      1379 non-null object
GarageCars        1460 non-null int64
GarageArea        1460 non-null int64
GarageQual        1379 non-null object
GarageCond        1379 non-null object
```

```
PavedDrive        1460 non-null object
WoodDeckSF        1460 non-null int64
OpenPorchSF       1460 non-null int64
EnclosedPorch     1460 non-null int64
3SsnPorch         1460 non-null int64
ScreenPorch       1460 non-null int64
PoolArea          1460 non-null int64
PoolQC               7 non-null object
Fence              281 non-null object
MiscFeature         54 non-null object
MiscVal           1460 non-null int64
MoSold            1460 non-null int64
YrSold            1460 non-null int64
SaleType          1460 non-null object
SaleCondition     1460 non-null object
SalePrice         1460 non-null int64
dtypes: float64(3), int64(35), object(43)
memory usage: 924.0 + KB
```

2. 认识变量

上述运行结果显示了数据集中每个变量的信息,包括列名称(变量名称)、有效记录条数和类型,如图 5-2 所示:

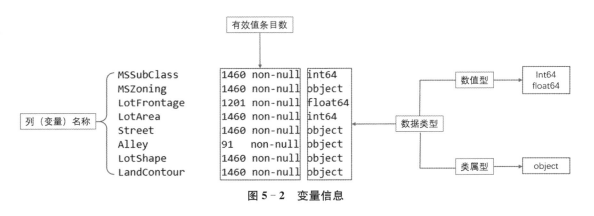

图 5-2　变量信息

本案例的主要目的是分析各个变量对销售价格的影响,因此需要从数据集中分离出可能对销售价格产生较大影响的变量,忽略影响不大的变量。

以下是数据集中要保留的数值型变量:

- SalePrice:房屋销售价格(这个变量将用作标签)。
- LotArea:房屋大小。

- OverallQual：房屋全局建筑材料和光洁程度。

- OverallCond：房屋整体状况。

- 1stFlrSF：第一层的大小。

- 2ndFlrSF：第二层的大小。

- BedroomAbvGr：正常卧室（不包括地下室中的卧室）。

- YearBuilt：原始建造年份。从技术上讲，这并不是一个数值变量，但可以用于构造一个数值变量，如已建造年代 Age。

以下是数据集中要保留的类属型变量：

- MSZoning：标识销售的一般性分区。

- LotShape：房屋的几何形状。

- Neighborhood：全市范围内的相对物理位置。

- CentralAir：是否为中央空调。

- SaleCondition：销售条件。

- MoSold：售出月份（格式：MM）。

- YrSold：售出年份（格式：YYYY）。

```
# 定义需要保留的数值型变量和类属型变量的列表
数值型变量 = ['SalePrice','LotArea', 'OverallQual', 'OverallCond',
            'YearBuilt', '1stFlrSF', '2ndFlrSF', 'BedroomAbvGr']


类属型变量 = ['MSZoning', 'LotShape', 'Neighborhood', 'CentralAir',
            'SaleCondition', 'MoSold', 'YrSold']
```

```
房屋数据 = 房屋数据[数值型变量 + 类属型变量]    # 只保留选定的数据列
```

```
房屋数据.shape
```

```
(1460, 15)
```

3. 销售价格的描述统计

通过下列代码片段显示房屋销售价格的描述统计数据、销售价格直方图及房屋销售价格的斜度和峰值。

```
# 关于销售价格(标签) 的描述统计汇总
房屋数据['SalePrice'].describe()
```

```
count       1460.000000
mean        180921.195890
```

```
std           79442.502883
min           34900.000000
25%          129975.000000
50%          163000.000000
75%          214000.000000
max          755000.000000
Name: SalePrice, dtype: float64
```

```
# 销售价格的直方图
房屋数据['SalePrice'].hist(edgecolor = 'orange', bins = 10)
```

< matplotlib.axes._subplots.AxesSubplot at 0x1ac73156d48>

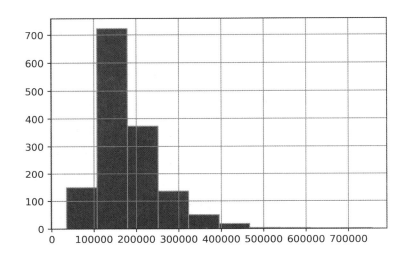

```
# 斜度与峰度
print("斜度: {:0.3f}".format(房屋数据['SalePrice'].skew()))
print("峰度: {:0.3f}".format(房屋数据['SalePrice'].kurt()))
```

斜度: 1.883

峰度: 6.536

4. 其他数值变量

通过下列代码片段显示房屋数据中的数值变量及其条形图,构造一个新的变量 Age,并删除变量 YearBuilt。

```
# 显示所有数值变量的描述统计汇总
房屋数据[数值型变量].describe()
```

	SalePrice	LotArea	OverallQual	OverallCond	YearBuilt	1stFlrSF	2
count	1460.000000	1460.000000	1460.000000	1460.000000	1460.000000	1460.000000	146(
mean	180921.195890	10516.828082	6.099315	5.575342	1971.267808	1162.626712	34(
std	79442.502883	9981.264932	1.382997	1.112799	30.202904	386.587738	43(
min	34900.000000	1300.000000	1.000000	1.000000	1872.000000	334.000000	(
25%	129975.000000	7553.500000	5.000000	5.000000	1954.000000	882.000000	(
50%	163000.000000	9478.500000	6.000000	5.000000	1973.000000	1087.000000	(
75%	214000.000000	11601.500000	7.000000	6.000000	2000.000000	1391.250000	72(
max	755000.000000	215245.000000	10.000000	9.000000	2010.000000	4692.000000	206(

```
# 显示所有数值变量的条形图(未正规化的直方图)
房屋数据[数值型变量].hist (edgecolor = 'orange',
                         bins = 20,
                         figsize = (14, 5),
                         layout = (2, 4))
```

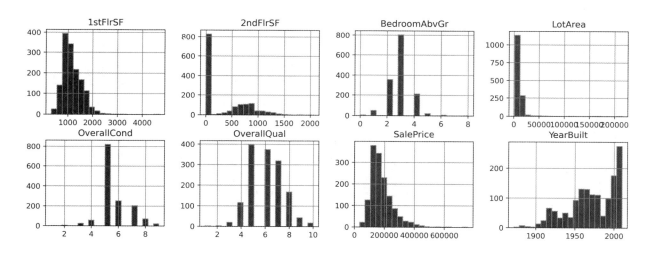

仔细考察直方图可以得到以下信息:

(1)第一层房屋面积大小的数据明显集中分布于图形的左侧,这也符合预期,毕竟生活中面积较大的房屋数量比较少。

(2)变量 2ndFlrSF 在零点处有一个峰值,这表明很多房屋都没有第二层。

(3)大多数房屋有三间卧室。

(4)变量 LotArea 的分布是高度倾斜的,这表明面积很大的房屋,数量极少。

(5)房屋整体状况和质量分级趋向 5 附近,这表明大部分的房屋整体状况和质量均可。

在分析中,变量 YearBuilt 实际上并没有发挥作用。我们可以用该变量构造一个更有意义的变量 Age,即房龄(Age = YrSold - YearBuilt)。

```
# 构造一个新变量Age
房屋数据['Age'] = 房屋数据['YrSold'] - 房屋数据['YearBuilt']

# 从数值型变量列表中删除变量YearBuilt
数值型变量.remove('YearBuilt')

# 在数值型变量列表中追加新变量Age
数值型变量.append('Age')
```

通过下列代码段可以显示出目前在售房屋的新旧程度。

```
房屋数据[数值型变量].hist (edgecolor = 'orange',
                         bins = 15,
                         figsize = (14, 5),
                         layout = (2,4))
```

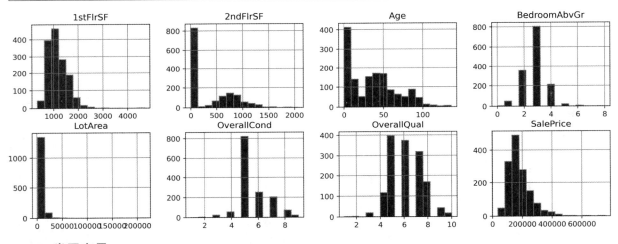

5. 类属变量

类属变量主要用于表示取不同值时房屋数据的实际分布情况(类属的计数),可使用条形图来表示。

```
# 绘制条形图
房屋数据['SaleCondition'].value_counts().plot (kind = 'bar',
                                              title = 'SaleCondition')
# 绘制各类属变量条形图,放置在一起方便对比
fig, ax = plt.subplots(2, 4, figsize = (14, 6))
```

面向中小学教师的 **Python** 编程入门

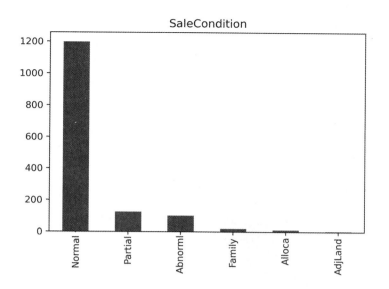

```
for var, subplot in zip(类属型变量, ax.flatten()):
    房屋数据[var].value_counts().plot(kind = 'bar',
                                      ax = subplot,
                                      title = var)


fig.tight_layout()
```

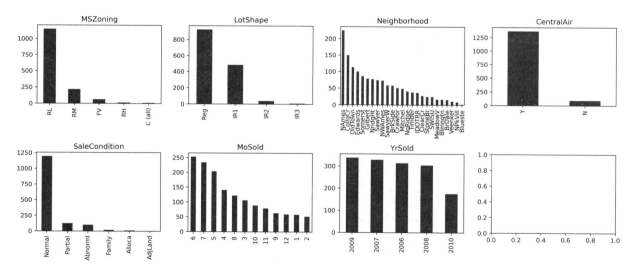

5.1.3　探索变量之间关系

数据集的各变量之间存在一定的关系,特别是变量与销售价格。

1. 数值变量之间的关系

通过下列代码片段得到变量 1stFlrSF 关于 SalePrice 的散点图。

```
# 两个数值变量之间关系的散点图
房屋数据.plot.scatter(x = '1stFlrSF', y = 'SalePrice')
```

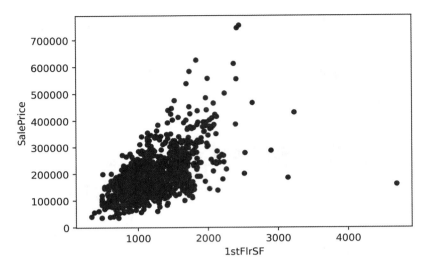

通过下列代码片段将两变量的数据分布叠加在散点图上。

```
# 将变量的分布叠加在散点图上
sns.jointplot(x = '1stFlrSF', y = 'SalePrice', data = 房屋数据, joint_kws =
{"s": 10})
```

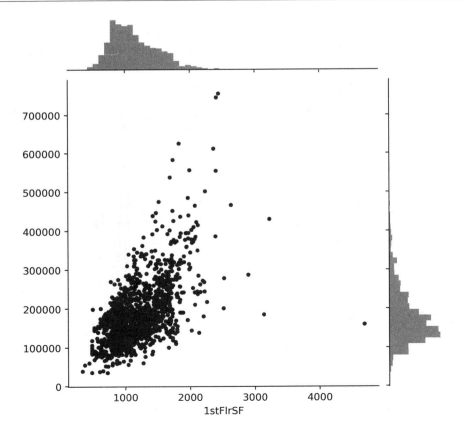

通过下列代码显示所有数值变量（包括销售价格）之间的结对图。

```
# 数值变量的结对图

sns.pairplot(房屋数据[数值型变量[:4]], plot_kws = {"s": 10})
```

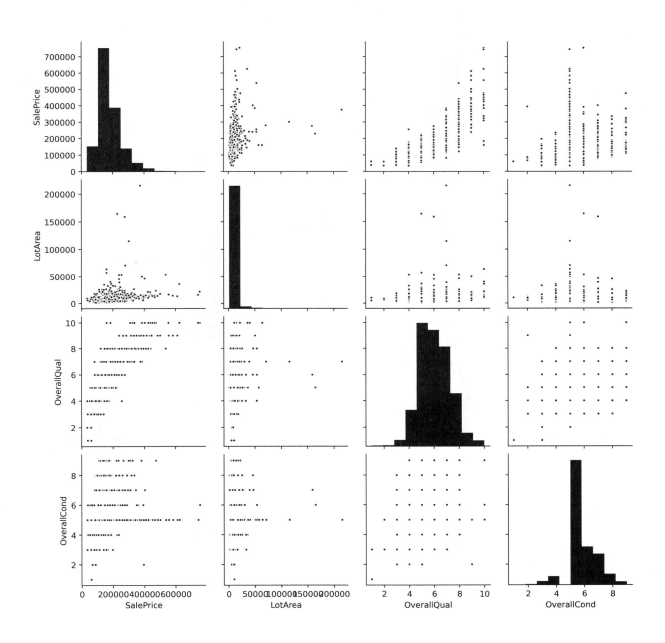

```
# 另一种风格的结对图

sns.pairplot(房屋数据[['SalePrice'] + 数值型变量[4:]], plot_kws = {"s": 10})
```

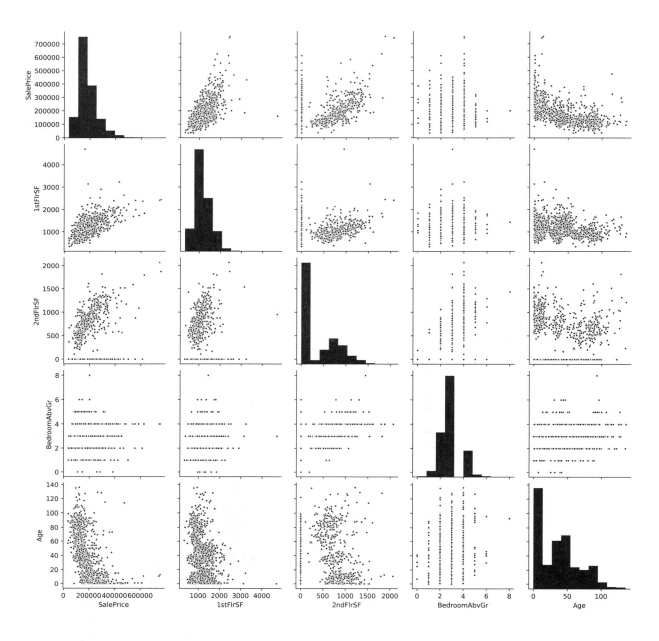

通过下列代码片段显示数值变量之间的相关性系数。

```
# 数值变量之间的相关性系数

房屋数据[数值型变量].corr()
```

	SalePrice	LotArea	OverallQual	OverallCond	YearBuilt	1stFlrSF	2ndFlrSF
SalePrice	1.000000	0.263843	0.790982	-0.077856	0.522897	0.605852	0.319334
LotArea	0.263843	1.000000	0.105806	-0.005636	0.014228	0.299475	0.050986
OverallQual	0.790982	0.105806	1.000000	-0.091932	0.572323	0.476224	0.295493
OverallCond	-0.077856	-0.005636	-0.091932	1.000000	-0.375983	-0.144203	0.028942
YearBuilt	0.522897	0.014228	0.572323	-0.375983	1.000000	0.281986	0.010308
1stFlrSF	0.605852	0.299475	0.476224	-0.144203	0.281986	1.000000	-0.202646
2ndFlrSF	0.319334	0.050986	0.295493	0.028942	0.010308	-0.202646	1.000000
BedroomAbvGr	0.168213	0.119690	0.101676	0.012980	-0.070651	0.127401	0.502901

从各个变量之间的相关系数可以看出：

- 与 SalePrice 正相关程度最大的变量为 OverallQual（相关系数为 0.79），这可以解释为房屋价格受房屋整体质量情况的影响最大，质量越好、价格越高。
- 与 SalePrice 负相关程度最大的变量为 Age（相关系数为 −0.52），这可以解释为房屋价格受房龄的影响最大，房龄越大，价格越低。

通过下列代码片段对各相关系数进行排序，并制作数值变量相关性的热图。

```
# 变量按相关度降序排序
房屋数据[数值型变量].corr()['SalePrice'].sort_values(ascending = False)
```

```
SalePrice       1.000000
OverallQual     0.790982
1stFlrSF        0.605852
2ndFlrSF        0.319334
LotArea         0.263843
BedroomAbvGr    0.168213
OverallCond    -0.077856
Age            -0.523350
Name: SalePrice, dtype: float64
```

```
# 数值变量相关性的热图
数值型变量相关性 = 房屋数据[数值型变量].corr()


fig, ax = plt.subplots(figsize = (7, 5))
sns.heatmap(数值型变量相关性, ax = ax)
```

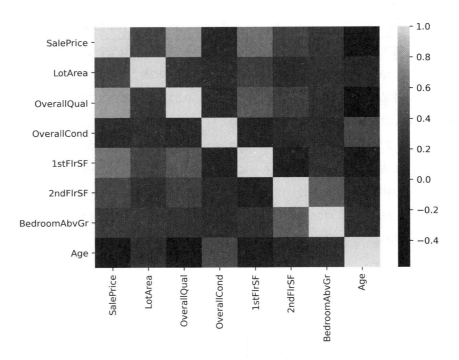

热图传达的信息本质上与相关系数的信息相同,只是使用不同的颜色来区分相关程度。例如,在热图中,颜色越浅表明正相关程度越大、颜色越深表示负相关程度越大。

2. 销售价格与类属变量之间的关系

考察数据集中的类属变量与销售价格(变量 SalePrice)之间的关系,通常可以使用箱形图。**箱形图**是考察数值型变量与类属型变量之间关系的标准统计图形,它能够显示一组统计数据的分散情况。

下列代码片段显示了类属变量 CentralAir 关于 SalePrice 的箱形图。

```
# 绘制一个变量的箱形图
sns.boxplot(x = 'CentralAir', y = 'SalePrice', data = 房屋数据)
```

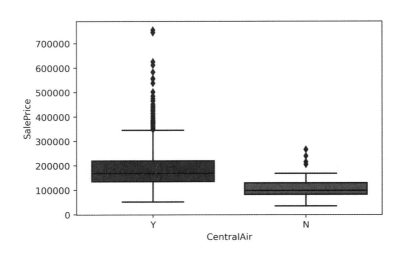

通过让上述代码中的参量 x 遍历所有类属型变量的列表，能绘制出所有类属变量关于
SalePrice 的箱形图。

```
# 同时绘制所有类属变量的箱形图
fig, ax = plt.subplots(3, 3, figsize = (14, 9))
for var, subplot in zip(类属型变量, ax.flatten()):
    sns.boxplot(x = var, y = 'SalePrice', data = 房屋数据, ax = subplot)
fig.tight_layout()
```

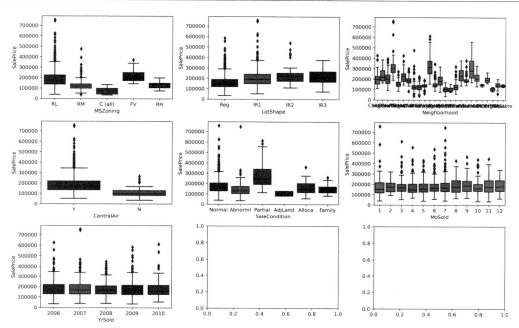

由于不同组变量的箱形图集中在一起不方便阅读，难以理清数据的含义，我们可以单独拿出一组
数据进行分析。

```
# 按众数排序
分组排序数据 = 房屋数据.groupby('Neighborhood')['SalePrice'].median().sort_
values().index.values
# 重画箱形图
fig, ax = plt.subplots(figsize = (14,4))
sns.boxplot (x = 'Neighborhood',
            y = 'SalePrice',
            data = 房屋数据,
            order = 分组排序数据,
            ax = ax)
plt.xticks(rotation = 'vertical')
```

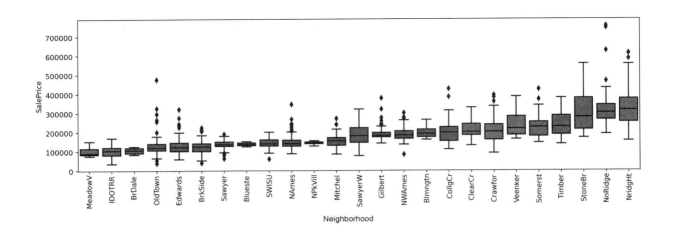

5.2 深度学习入门

本节将简要介绍与深度学习相关的一些基本概念、训练算法和示例。

5.2.1 PyTorch 简介

本节的编程案例均基于 PyTorch 框架，它是一款开源框架，由 Facebook 在 2019 年 1 月发布，现已成为最受欢迎的深度学习框架之一。PyTorch 有两个最显著的特点：

- 与 NumPy 高度兼容、用法相似，大大降低了普通用户的学习难度。
- 提供了一种近乎透明的 CUDA 设备支持（GPU）。

1. 张量及其运算

与更早的 Theano 或 TensorFlow 类似，PyTorch 中的计算也基于**张量**。

在 PyTorch 中，可以将张量理解为某种类似于 NumPy 数组（即 ndarrays）的对象，张量的**阶数**（也称为**维数**）就是数组的维数。例如，二维 NumPy 数组（或者矩阵）对应于二阶张量，但相比 NumPy 数组而言，PyTorch 的张量还有一个独特的优势：可以使用 CUDA 设备，如 GPU（**图形处理单元**）为涉及张量计算的过程加速。如果你的计算机系统没有 GPU 或者不打算使用 GPU，在大多数情况下都可以忽略两者之间的差别。

通过下列代码片段导入 PyTorch 包。

```
# 导入 PyTorch 包
from __future__ import print_function
import torch
```

下面通过一些简单的实操案例，演示 PyTorch 张量的用法。由于 PyTorch 张量与多维 NumPy 数组在很多方面（如定义、运算及操作等）都非常相像，因此在例子中就不多解释了。

如下列代码片段所示，在 PyTorch 中创建张量与创建 Numpy 数组几乎一样。

```
import torch
import numpy as np

x = torch.tensor([[1, 2, 3], [4, 5, 6]])
y = torch.tensor([[7, 8, 9], [10, 11, 12]])
f = 2 * x + y

print(f)
```

```
tensor([[9, 12, 15],
        [18, 21, 24]])
```

```
形状 = [2, 3]

全零张量 = torch.zeros(形状)
全一张量 = torch.ones(形状)
随机张量 = torch.rand(形状)

print(全零张量)
print(全一张量)
print(随机张量)
```

```
tensor([[0., 0., 0.],
        [0., 0., 0.]])
tensor([[1., 1., 1.],
        [1., 1., 1.]])
tensor([[0.4418, 0.2243, 0.8660],
        [0.7164, 0.9115, 0.1083]])
```

在使用随机数产生张量时，**可再现随机种子**是其中比较重要的内容。如果后续代码运行中需要重复之前产生的随机张量，那么就需要使用随机种子。其实随机种子后面的数值无关紧要，只要和张量相容即可。

```
torch.manual_seed(42)        # 指定随机种子

print(随机张量)               # 再次运行产生相同的张量
```

```
tensor([[0.4418, 0.2243, 0.8660],
        [0.7164, 0.9115, 0.1083]])
```

2. PyTorch 张量与 NumPy 数组之间的转换

如以下代码片段所示,任何 NumPy 数组都可以借函数 torch.from_numpy() 直接转换为 PyTorch 张量。

```
import numpy as np

原始 NumPy 数组 = np.array([[1, 2, 3], [4, 5, 6]])

转成 PyTorch 张量 = torch.from_numpy(原始 NumPy 数组)    # 将数组转换为张量

print(转成 PyTorch 张量)

转成 PyTorch 张量.type()              # 使用 PyTorch 内建方法 type() 来检查张量的类型
```

```
tensor([[1, 2, 3],
        [4, 5, 6]], dtype = torch.int32)
    'torch.IntTensor'
```

另一方面,通过函数 torch.numpy() 也可将 PyTorch 张量转换为 NumPy 数组。

```
还原的 NumPy 数组 = 转成 PyTorch 张量.numpy()    # 将张量转换为数组

type(还原的 NumPy 数组)                    # 使用 Python 内建函数 type() 检查类型
```

```
numpy.ndarray
```

```
还原的 NumPy 数组 == 原始 NumPy 数组
```

```
array([[True, True, True],
       [True, True, True]])
```

3. PyTorch 张量的索引、切片及重塑

PyTorch 张量具有 NumPy 数组的大多数属性和功能,例如,可以像 NumPy 数组一样对 PyTorch 张量进行索引和切片。

```
print(x[0])          # 索引 x 的第 0 行

print(x[1][0:2])     # 索引 x 的第 1 行、第 0,1 列的交叉部分
```

```
tensor([1, 2, 3])
tensor([4, 5])
```

此外，也可以使用 PyTorch 的方法 view() 为现有张量创建一个重塑的拷贝。

```
print(x.size())          # 获取张量的"尺寸"
print(x.view(-1))        # 将 x 摊平为一维张量
print(x.view(3, 2))      # 将 x 重塑为二维 3x2 张量
print(x.view(6, 1))      # 将 x 重塑为二维 6x1 张量
```

```
torch.Size([2, 3])
tensor([1, 2, 3, 4, 5, 6])
tensor([[1, 2],
        [3, 4],
        [5, 6]])
tensor([[1],
        [2],
        [3],
        [4],
        [5],
        [6]])
```

```
print(x.view(3,-1))      # 仅指定行数,-1 表示自动计算列数
```

```
tensor([[1, 2],
        [3, 4],
        [5, 6]])
```

```
x.transpose(0, 1).size()   # 交换轴(行列互换、转置)运算
```

```
torch.Size([3, 2])
```

在 PyTorch 中，方法 transpose() 一次只能交换两个轴。如果转置整个（多维）张量，就需要实施多步交换轴的操作。更高效的做法是使用方法 permute()，只须将要交换的轴传递给这个方法即可。

```
a = torch.ones(1, 2, 3, 4)                        # 定义一个 4 维的张量

print(a.transpose(0, 3).transpose(1, 2).size())   # 两步内交换所有的轴
print(a.permute(3, 2, 1, 0).size())               # 一次交换所有的轴
```

```
torch.Size([4, 3, 2, 1])
torch.Size([4, 3, 2, 1])
```

5.2.2 PyTorch 数据集及装载器

PyTorch 提供了一些流行的示范性内建数据集(包含在机器视觉包 torchvision 模块的 torchvision.datasets 中),数据装载器的类 torch.dataloader(包含在模块 torch.utils.data.DataLoader 中),用于显示、转换及加载图像。

1. PyTorch 内建数据集

下表列出了 PyTorch 的内建数据集及简要描述。

表 5 - 1   PyTorch 内建数据集

数据集名称	简 要 描 述
MNIST	手写数字 1—9,NIST 手写字符数据集的一个子集,包含 60,000 幅训练图像和 10,000 幅测试图像
Fashion-MNIST	MNIST 带来的另一个数据集,包含各种流行时装的图像
EMNIST	基于 NIST 手写字符数据集,包括字母和数字,分裂为 47,26 和 10 类的分类问题
COCO	超过 100,000 幅图像,分类为日常物体,例如人、背包和自行车等。每幅图像可以归属不止一个类
LSUN	用于大规模场景图像的分类,如卧室、桥梁、教堂等
Imagenet-12	大型视觉识别数据集,包含 120 万幅图像和 1,000 个类别。在 ImageFolder 类中实现,每个类别在一个文件夹中
CIFAR	60,000 幅低分辨率(32×32)彩色图像,分成 10 个两两互斥的类别,例如飞机、卡车和轿车
STL10	类似于 CIFAR,但图像分辨率更高,有大量无标签图像
SVHN	由谷歌街景获取的 600,000 幅街道门牌号的图像,用于识别现实场景中的数字
PhotoTour	用于模式识别,学习局部图像描述。由 126 级灰度图像构成,带有描述文本

2. 装载 CIFAR10 图像数据集

以 CIFAR10 数据集为例,演示 PyTorch 数据集及装载器的使用方法。

CIFAR10 数据集包含如下 10 个类别的彩色低分辨率图像(见下页图 5 - 3),其中每幅图像的尺寸为 3×32×32,即 3 个颜色通道 32×32 个像素。

CIFAR10 是一个 `torch.utils.dataset` 对象,可以传递四个参数给加载函数:

- `root`:指定一个相对于当前代码所在目录的根目录。
- `download`:取布尔值,指示数据集是否下载过。如果数据下载过,显示数据集的简要信息;如尚未下载,则开始下载数据集。
- `train`:取布尔值,指示下载的是训练集(train = True)还是测试集(train = False)。

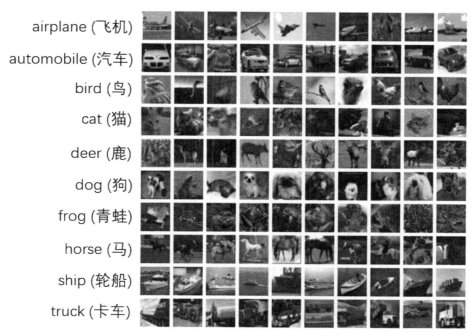

airplane (飞机)
automobile (汽车)
bird (鸟)
cat (猫)
deer (鹿)
dog (狗)
frog (青蛙)
horse (马)
ship (轮船)
truck (卡车)

图 5-3 CIFAR10 数据集中的图像

- transform：是 torchvision.transforms 的一个内建类，调用后强制返回一个张量。在本例中设置为 transforms.ToTensor()。

```python
import torch
import torchvision
import torchvision.transforms as transforms


CIFAR10 训练集 = torchvision.datasets.CIFAR10(root = './data',    # 数据根目录
                                        download = True,
                                            # 检查数据是否已经下载
                                        transform = transforms.ToTensor()
                                            # 变换为张量
                                        )
CIFAR10 训练集
```

Files already downloaded and verified

Dataset CIFAR10
    Number of datapoints: 50000
    Root location: ./data
    Split: Train

```
StandardTransform
Transform: ToTensor()
```

装载完成后,可用简单的索引查找方法检索数据集的内容。

例如,通过下列代码片段查看数据集前 11 幅(第 0 幅到第 10 幅)图像的尺寸及所对应的标签。

```
for i in range(len(CIFAR10 训练集)):
    print('图像尺寸:{};类属标签:{}'.format(CIFAR10 训练集[i][0].size(),
CIFAR10 训练集[i][1]))
    if i >= 10: break
```

图像尺寸:torch.Size([3, 32, 32]);类属标签:6
图像尺寸:torch.Size([3, 32, 32]);类属标签:9
图像尺寸:torch.Size([3, 32, 32]);类属标签:9
图像尺寸:torch.Size([3, 32, 32]);类属标签:4
图像尺寸:torch.Size([3, 32, 32]);类属标签:1
图像尺寸:torch.Size([3, 32, 32]);类属标签:1
图像尺寸:torch.Size([3, 32, 32]);类属标签:2
图像尺寸:torch.Size([3, 32, 32]);类属标签:7
图像尺寸:torch.Size([3, 32, 32]);类属标签:8
图像尺寸:torch.Size([3, 32, 32]);类属标签:3
图像尺寸:torch.Size([3, 32, 32]);类属标签:4

3. 显示 CIFAR10 数据集中的图像

每个 CIFAR10 数据集的对象将返回一个元组,其中包含一幅图像对象和代表图像类别标签的一个数字。

通过对图像数据应用方法 size(),我们看到每幅图像样本是一个 $3\times32\times32$ 的张量,表示图像有 3 个颜色通道、长宽的尺寸为 32×32 像素。

每幅图像作为一个 PyTorch 张量,按照[color, height, width]的格式存储,这与 Numpy 图像的[height, width, color]格式有所不同。

因此,如下列代码片段所示,要正确地显示图像,需要用方法 permute()交换轴。

```
# -- 显示 CIFAR10 训练集中的图像--
%matplotlib inline
import matplotlib.pyplot as plt


选定的 Torch 图像 = CIFAR10 训练集[0][0]        # 索引第一个元组的第一个元素
```

```
变换的 NumPy 图像 = 选定的 Torch 图像.permute(1, 2, 0)    # 将轴(C,H,W)置换为(H,W,C)

plt.imshow(变换的 NumPy 图像)                              # 显示图像

print(CIFAR10 训练集[0][1])                              # 显示图像标签
```

6

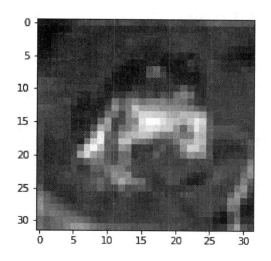

4. 使用 DataLoader 装载数据

在深度学习中,并非总是一次一幅地装载图像,也不一定每次都按照相同的次序装载。这种情况下可采用 torch.utils.data.DataLoader 装载图像。torch.utils.data.DataLoader(装载器对象)装载图像比较灵活,它可以按照指定的方式、迭代地选取要装载的数据,如按批次、打乱次序等。

下例中使用 DataLoader 按每次四个样本分批次选取图像数据。

```
分批装载训练集 = torch.utils.data.DataLoader (CIFAR10 训练集,
                                batch_size = 4,     # 批次大小
                                shuffle = True      # 是否打乱次序
                                )


数据迭代器 = iter(分批装载训练集)        # 从 DataLoader 对象创建一个迭代器
图像,标签 = 数据迭代器.next()          # 为批次中的图像和标签构建张量


print(标签[0:])                        # 显示一个批次中图像的标签
print(图像.size())                     # 显示批次张量的大小
```

```
tensor([8, 8, 2, 7])
torch.Size([4, 3, 32, 32])
```

在上述代码中，DataLoader 返回由两个张量构成的元组，第一个张量包含批次中所有四幅图像的数据，第二个张量为图像的标签。在迭代器上调用 next() 产生下一组样本。在机器学习领域，整个数据集上的一次遍通(pass)称为**一代**(epoch)或**一个轮次**。

5.2.3 神经网络

神经网络是深度学习的基础，在讨论深度学习之前，需要先了解神经网络的几个关键概念。

1. 感知机

美国学者弗兰克·罗森布拉特(Frank Rosenblatt)于 1957 年在麦卡洛克-皮特建立的人工神经元概念的基础上，提出了感知机的概念。感知机是导向神经网络和深度学习的重要思想之一。

简单地说，**感知机**(也称为**神经元**)可以接收若干个输入信号，并经过简单判断处理后产生一个输出信号。

下图所示的是一个具有 n 个输入的感知机。

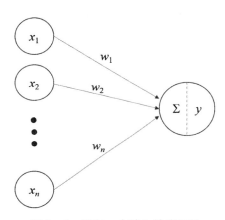

图 5-4　具有 n 个输入的感知机

- $x_1, ..., x_n$ 是输入信号。
- y 是输出信号。
- $w_1, ..., w_n$ 表示对于输入信号的权重。
- $\sum$ 表示加权和 $w_1 x_1 + ... + w_n x_n$。
- θ 是阈值(或临界值)

$$y = \begin{cases} 0 & \text{如果 } w_1 x_1 + ... + w_n x_n \leqslant \theta \\ 1 & \text{如果 } w_1 x_1 + ... + w_n x_n > \theta. \end{cases}$$

在实际应用中，通常将感知机的输入表达式表示为如下形式：

$$y = \begin{cases} 0 & (b + w_1 x_1 + \ldots + w_n x_n \leqslant 0) \\ 1 & (b + w_1 x_1 + \ldots + w_n x_n > 0) \end{cases}$$

此处,b 称为**偏置**,$w_1, \ldots, w_n$ 如前仍称为**权重**。

偏置和权重作用的区别如下:

• **权重** w_1,w_2 控制输入信号的重要性,权重越大,对应信号的重要性就越高;反之,权重越小,对应信号的重要性就越低。

• **偏置**用来调整神经元被激活的难易程度(与原来的阈值作用类似),有时也用于一些技术原因,如防止因输入信号值太小而被忽略。

在原来的感知机图形中并没有体现出偏置的作用,而下图将偏置作为一个常值输入(带有常值权重 1)。

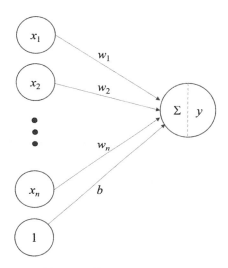

图 5-5 带有偏置的感知机

这样,新感知机就没有必要单独出现阈值了(或者理解为 0)。感知机会计算输入信号与相应权重的乘积和,然后再加上偏置;如果这个和的值大于 0 则输出 1,否则输出 0。

通过引入函数 h

$$h(x) = \begin{cases} 0 & (x \leqslant 0) \\ 1 & (x > 0) \end{cases}$$

感知机的输出可以表示为如下形式:

$$y = h(b + w_1 x_1 + \ldots + w_n x_n).$$

函数 h 通常称为**激活函数**,它的作用在于决定输入信号的加权和如何被"激活"。

若 $a = b + w_1 x_1 + \ldots + w_n x_n$,则 $y = h(a)$。 使用这些记号,也可以将一个感知机的输出部分解剖成如下图的形式。

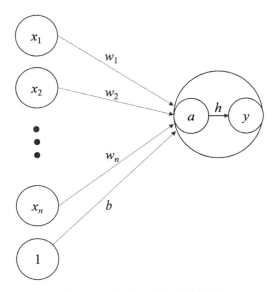

图 5-6 带有激活函数感知机

2. 神经网络

神经网络是由多层神经元(感知机)构成的一个网络。如下图所示,最左边的一层称为**输入层**,最右边的一层称为**输出层**,除输入层外,其余层中的每个节点(图中的圆圈)都是一个感知机。输入/输出层之间的中间各层(可能没有、也可能有很多)称为**隐藏层**或**中间层**。

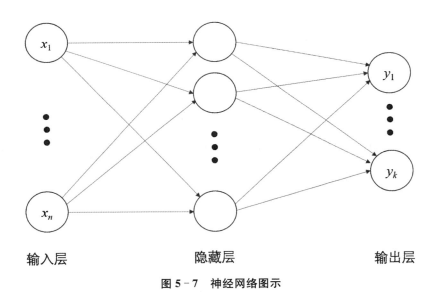

图 5-7 神经网络图示

如果一个神经网络有多个隐藏层,那么称其为**深层(神经)网络**。

神经网络中每层的每个节点都与其下一层的每个节点有连接(除输入/输出层外,输入只连接其下一层,输出层只被其前一层所连接),所以也称为**全连接网络**。此外,在神经元内作用激活函数之前,输入信号的加权和实际上是一种线性变换(称为**仿射变换**),因此这部分(作用激活函数之前)也称为**线性单元**或**仿射单元**。

3. 激活函数

最简单的,只取 0,1 两个值的激活函数 h 又称为**阶跃函数**(或**阶梯函数**)。一般神经网络允许使用其他类型函数作激活函数,只要这些函数具有与阶跃函数相似的形状。以下是神经网络与深度学习中经常使用的几种激活函数。

(1)阶跃函数。为了方便对比,我们给出阶跃函数的 Python 实现,如下列代码片段所示。

```
%matplotlib inline
import numpy as np
import matplotlib.pylab as plt
```

```
# - - 阶跃函数的一种 NumPy 实现 - -
def step_function(x):
    return np.array(x > 0, dtype = np.int)
```

(2)S-形函数。在神经网络的发展历史中,S-形函数很早就作为激活函数使用了。与阶跃函数相比,S-形函数是一条"光滑"的曲线,这一点对于神经网络的学习(训练参数)具有重要意义。

S-形函数的定义如下:

$$h(x) = \frac{1}{1 + e^{-x}}.$$

下列代码片段给出了 S-形函数的 NumPy 实现。

```
import numpy as np
def sigmoid(x):
    return 1 / (1 + np.exp(-x))
```

(3)ReLU 函数。激活函数 **ReLU 函数**(校正线性单元)的出现较晚,它是随着"卷积神经网络"(见下一节)的流行才开始普遍使用的。

ReLU 函数的定义如下:

$$h(x) = \begin{cases} x & (x > 0) \\ 0 & (x \leqslant 0) \end{cases}$$

下列代码片段给出了 ReLU 函数的 NumPy 实现。

```
def relu(x):
    return np.maximum(0, x)
```

ReLU 函数的实现中使用了 NumPy 的 `maximum()` 函数,即从输入的各个数中选择最大的值作为输出。

(4) 双曲正切。**双曲正切**的定义函数如下:

$$\tan h(x) = \frac{e^x - e^{-x}}{e^x + e^{-x}}.$$

双曲正切函数的图像很像一个拉长的 S 形状,在 NumPy 中是作为标准函数实现的。

(5) `softmax()` 函数。**Softmax 函数**是深度学习模型中另一种常见的激活函数,可以被看作双曲正切函数的一个"离散概率"化版本。具体地讲,如果网络有 n 个输入 $x_1, \ldots, x_n$ 和 n 个输出 $y_1, \ldots, y_n$,则

$$y_k = \frac{e^{x_k}}{\sum_{i=1}^{n} e^{x_i}}.$$

显然,`softmax()` 函数的输出值是介于 0.0 到 1.0 之间的实数,而且所有输出值之和为 1,因此可以把 `softmax()` 的输出解释为某种"概率"。

下列代码片段是 `softmax()` 函数的 NumPy 实现。

```
def softmax(x):
    return np.exp(x) / np.sum(np.exp(x))
```

4. 各种激活函数的比较

在下列代码将上述几种激活函数绘制在同一幅图中进行比较。

```
# - - 各种激活函数的比较- -
import numpy as np
import matplotlib.pylab as plt
import matplotlib.font_manager as fm

# 使用中文字体替换默认字体
myfont = fm.FontProperties(fname = r'C:\Windows\Fonts\simsun.ttc')

x = np.arange(-2, 2, 0.2)
y1 = sigmoid(x)
y2 = step_function(x)
y3 = relu(x)
y4 = 0.5 * (np.tanh(x) + 1)    # 适当缩放以匹配其他函数的取值范围
y5 = softmax(x)
```

```
plt.plot(x, y1, label = 'S- 形函数')
plt.plot(x, y2, linestyle = '- - ', label = '阶跃函数')
plt.plot(x, y3, linestyle = '- .', label = 'ReLU 函数')
plt.plot(x, y4, linestyle = ':', label = '双曲正切')
plt.plot(x, y5, linestyle = 'dashed', label = 'Softmax 函数')
plt.ylim(- 0.2, 1.2)


plt.xlabel("x")                                                 # x 轴标签
plt.ylabel("y")                                                 # y 轴标签
plt.title('各种激活函数的对比', fontproperties = myfont, fontsize = 12)
                                                                # 显示标题

plt.legend(loc = 'upper left', prop = myfont)                   # 显示图例


plt.savefig('Activation_Fig.png', dpi = 400, bbox_inches = 'tight')
                                                                # 保存图像
plt.show()
```

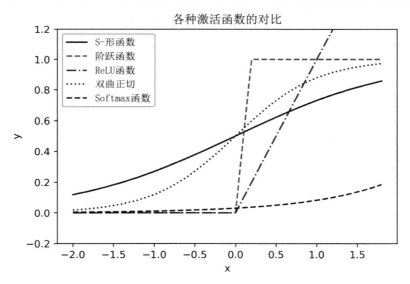

在应用中,神经网络模型的典型训练过程如下:

- 定义神经网络模型,包括输入层单元的个数、隐藏层个数、每层单元的个数及激活函数、输出层单元个数和损失函数等,其中也包含一些待学习的参数(主要是权重和偏置)。
- 在数据集(通常是训练集)上进行迭代训练。
- 通过神经网络处理输入。
- 计算损失函数(输出结果和正确值的差距)。

- 通过梯度反向传播算法回馈网络参数。

- 更新网络参数,如使用更新原则(梯度下降法):权重=权重−学习率×梯度。

5.2.4 卷积神经网络

卷积神经网络(CNN)是深度学习中最典型,也是最成功的一种网络架构。相比上一节介绍的全连接神经网络,卷积神经网络引入了三种关键的新思想:

- 卷积层。

- 池化层。

- 激活层。

1. 卷积层

卷积层使用一组**滤波器**(或**卷积核**)来扫描由上一层传递来的数据,产生**特征映射**。

如下图所示,用一个 2×2 像素大小的卷积核,以步长 1(**步长**就是卷积核每次移动的距离)为单位对输入图像进行扫描。

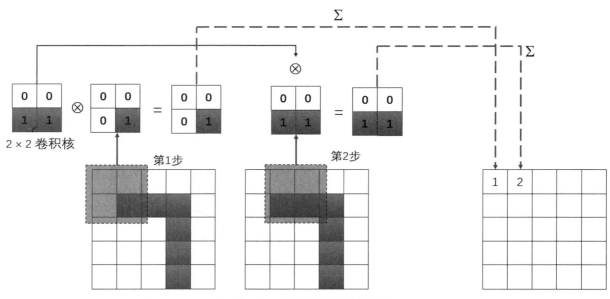

图 5-8 卷积层扫描数据的过程

特征映射的计算过程有如下六个步骤:

(1)卷积核第一次扫描时(图中被卷积核覆盖的部分),将图像中与卷积核同等大小的部分与卷积核相应位置上的值依次相乘,然后相加,并将结果作为特征映射的第一个输出值。在上图中,这个值为

$$0×0+0×0+1×0+1×1=1.$$

(2)卷积核在图像上向右移动一个像素(移动的像素个数取决于步长),覆盖图像上新的一块同等大小部分。

(3)按照与第 1 步相同的计算方法,产生第二个输出值。在上图中,这个值为

$$0 \times 0 + 0 \times 0 + 1 \times 1 + 1 \times 1 = 2.$$

（4）如果卷积核未覆盖到图像的最右侧边界，继续右移并重复步骤 3。

（5）如果卷积核已覆盖到图像的最右侧边界，本次特征映射计算完成后，卷积核重新回到最左侧并向下移动一个像素（移动的像素个数也取决于步长）。

（6）重复步骤 1～5，直到卷积核覆盖到图像右下角最边缘处。

2. 池化层

在卷积神经网络的典型应用中，卷积层通常都会与**池化层**堆叠在一起。使用池化层的目的是消减由卷积操作（特征映射）输出的数据大小，也称为**子采样**。池化层压缩了图像的空间信息，但保留了 RGB 信息。

使用池化层可消减特征映射输出的大小，这样做有如下理由：

（1）通过剔除不相关的特征消减计算负载。

（2）参数越少，过拟合（模型对新数据的预测性能表现不佳）的可能性就越小。

（3）能够抽取某些可变换的特征，如从不同视角看同一个物体的图像。

例如，在下图中，对特征映射的输出作用于一个尺寸为 2×2 的**最大池化**，即用 4 个相邻像素中的最大值代替原来的像素（这也是称其为子采样的原因），因此特征映射的大小减半。

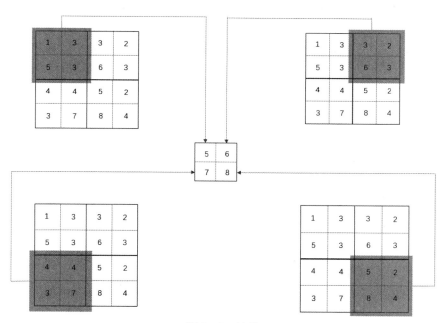

图 5-9 池化

3. 使用 CNN 构建一个图像分类器

使用 PyTorch 建立如下结构的卷积神经网络（LeNet），并且使用 CIFAR10 数据集训练一个图像分类的模型，如下页图 5-10 所示。CNN 分类器构建图像分类器将遵循下列步骤：

（1）使用 torchvision 加载并正规化 CIFAR10 训练集和测试集。

（2）定义卷积神经网络架构。

（3）选择损失函数。

（4）使用训练集训练网络。

（5）使用测试集测试网络。

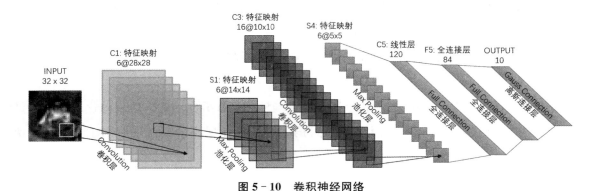

图 5 - 10　卷积神经网络

```
import torch

import torchvision

import torchvision.transforms as transforms
```

4. 加载并正规化 CIFAR0 数据集

torchvision 的输出是取值于[0，1]上的 PILImage 图像，使用时需要将其转换为取值范围在[−1，1]之间的张量（这个过程称为**正规化**或**归一化**）。

以下代码片段使用 torchvision 对 CIFAR10 数据集加载并归一化。

```
正规变换 = transforms.Compose ([transforms.ToTensor(),
                        transforms.Normalize((0.5, 0.5, 0.5),
                                (0.5, 0.5, 0.5))])


训练集 = torchvision.datasets.CIFAR10(root = './data',
                            train = True,
                            download = True,
                            transform = 正规变换)


训练集装载器 = torch.utils.data.DataLoader (训练集,
                            batch_size = 4,
                            shuffle = True,
                            num_workers = 2)


测试集 = torchvision.datasets.CIFAR10(root = './data',
```

```
                               train = False,
                               download = True,
                               transform = 正规变换)

测试集装载器 = torch.utils.data.DataLoader (测试集,
                               batch_size = 4,
                               shuffle = False,
                               num_workers = 2)

图像类别 = ('飞机', '轿车', '鸟', '猫', '鹿', '狗', '青蛙', '马', '船', '卡车')
```

Files already downloaded and verified

Files already downloaded and verified

5. 定义 CNN 结构

根据 LeNet 网络结构,使用 PyTorch 定义一个如下类:

```python
import torch.nn as nn
import torch.nn.functional as F

class Net(nn.Module):
    def __init__(self):
        super(Net, self).__init__()
        self.conv1 = nn.Conv2d(3, 6, 5)
        self.pool = nn.MaxPool2d(2, 2)
        self.conv2 = nn.Conv2d(6, 16, 5)
        self.fc1 = nn.Linear(16 * 5 * 5, 120)
        self.fc2 = nn.Linear(120, 84)
        self.fc3 = nn.Linear(84, 10)

    def forward(self, x):
        x = self.pool(F.relu(self.conv1(x)))
        x = self.pool(F.relu(self.conv2(x)))
        x = x.view(-1, 16 * 5 * 5)
        x = F.relu(self.fc1(x))
        x = F.relu(self.fc2(x))
```

```
        x = self.fc3(x)
        return x


net = Net()
```

6. 选择损失函数和优化器

这里选择**交叉熵**作为损失函数,以及带动量(由参数 momentum 指定)的**随机梯度下降法**(SGD),如下列代码片段所示。

```
import torch.optim as optim


损失函数 = nn.CrossEntropyLoss()
优化算法 = optim.SGD (net.parameters(),      # 获取网络参数
                     lr = 0.001,            # 预置学习率
                     momentum = 0.9         # 动量参数值
                    )
```

7. 训练网络

训练过程只须将数据输入网络,并在数据迭代器上循环优化。在下列代码片段中,使用整个训练集训练网络两遍(批次值为 2000)。

```
for epoch in range(2):              # 在数据集上循环(二代)

    累计损失值 = 0.0                # 累计损失值初始化
    for i, data in enumerate(训练集装载器, 0):

        # 获取输入
        输入数据, 实际标签 = data

        # 参数的梯度张量清零
        优化算法.zero_grad()

        # 前向传播 + 反向传播 + 优化
        输出数据 = net(输入数据)
        损失值 = 损失函数(输出数据, 实际标签)
```

```
        损失值.backward()
        优化算法.step()
        # 显示统计信息
        累计损失值 += 损失值.item()
        if i % 2000 == 1999:                    # 2000 小批次显示一次
            print('[%d, %5d] 损失函数：%.3f '%
                    (epoch + 1, i + 1, 累计损失值 / 2000))
            累计损失值 = 0.0

print('训练完成！')
```

```
[1,  2000] 损失函数：2.195
[1,  4000] 损失函数：1.867
[1,  6000] 损失函数：1.682
[1,  8000] 损失函数：1.575
[1, 10000] 损失函数：1.552
[1, 12000] 损失函数：1.495
[2,  2000] 损失函数：1.412
[2,  4000] 损失函数：1.407
[2,  6000] 损失函数：1.362
[2,  8000] 损失函数：1.322
[2, 10000] 损失函数：1.320
[2, 12000] 损失函数：1.292
训练完成！
```

8. 测试网络

将网络模型所预测的图像类别标签与实际标签进行比较，如果预测正确，就将该样本添加到正确预测的列表中。

为了能正确显示图像，需要先将图像数据去正规化。

```
%matplotlib inline
import matplotlib.pyplot as plt
import numpy as np


# 定义显示图像的函数
def imshow(img):
```

```
img = img / 2 + 0.5      # 去正规化
npimg = img.numpy()
plt.imshow(np.transpose(npimg, (1, 2, 0)))
plt.show()
```

查看几个样本测试图像的实际情况。

```
数据迭代器 = iter(测试集装载器)
测试图像, 实际标签 = 数据迭代器.next()

# 显示图像
imshow(torchvision.utils.make_grid(测试图像))
print('实际标签: ', ' '.join('%5s' % 图像类别[实际标签[j]] for j in range(4)))
```

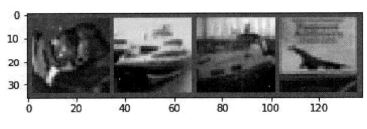

实际标签: 猫   船   船   飞机

然后再查看分类器所预测的图像标签。

```
输出图像 = net(测试图像)
```

以下代码输出的是各个类别标签的概率,对应类别的概率越大,表明网络倾向于将该图像识别为该类别。我们只需要获取对应最高概率的标签即可。

```
_, 预测的标签 = torch.max(输出图像, 1)
print('预测的标签: ', ' '.join('%5s' % 图像类别[预测的标签[j]] for j in range(4)))
```

预测的标签: 猫   飞机   飞机   船

接下来,查看分类器对整个测试集中图像的预测效果。

```
预测正确数 = 0
图像总数 = 0
with torch.no_grad():
    for data in 测试集装载器:
```

```
    测试图像, 实际标签 = data
    输出图像 = net(测试图像)
    _, 预测标签 = torch.max(输出图像.data, 1)
    图像总数 += 实际标签.size(0)
    预测正确数 += (预测标签 == 实际标签).sum().item()


print('网络在 10000 幅图像上预测的准确率: %d %% ' % (100 * 预测正确数 / 图像总数))
```

网络在 10000 幅图像上预测的准确率: 52 ％

结果不太理想,似乎比瞎猜好不了太多。事实上,随机猜测的准确率仅有 10％。虽然分类器预测的准确性并不理想,但我们还是能够从数据中学到了一些东西。

现在,利用分类器分别输出不同类别的准确率。

```
预测正确的类 = list(0. for i in range(10))
图像总的类别 = list(0. for i in range(10))
with torch.no_grad():
    for data in 测试集装载器:
        测试图像, 实际标签 = data
        输出图像 = net(测试图像)
        _, 预测标签 = torch.max(输出图像, 1)
        c = (预测标签 == 实际标签).squeeze()
        for i in range(4):
            标签 = 实际标签[i]
            预测正确的类[标签] += c[i].item()
            图像总的类别[标签] += 1


for i in range(10):
    print('% 5s 的预测准确率: %2d %% ' % (图像类别[i], 100 * 预测正确的类[i] / 图像
总的类别[i]))
```

飞机 的预测准确率: 64%

轿车 的预测准确率: 68%

鸟 的预测准确率: 40%

猫 的预测准确率: 64%

鹿 的预测准确率: 48%

狗 的预测准确率: 23%

青蛙 的预测准确率：38%

马 的预测准确率：65%

船 的预测准确率：48%

卡车 的预测准确率：68%

第六章　使用 Python 辅助数学学习

本章将介绍 Python 中的一个用于符号计算的开源扩展库 SymPy，主要面向中小学数学、物理等理科老师。绝大多数内容都是容易理解的，但也有一些地方需要读者具备高等数学的基础知识。

- SymPy 是一个功能强大的数学工具，可实施常规的数学运算、操作及推导，包括方程的求解（solve）；表达式的展开（expand）、分解（factor）；概率统计计算；向量与矩阵运算和微积分操作等。其他具有相似功能的符号软件（如 Maple、Mathematica 等）需要付费，而 SymPy 是开源、免费的。

- 另一个功能更加强大，也更专业的开源符号数学平台是 Sage，这个平台整合了当前几乎所有主流的开源符号数学软件包（包括 SymPy）。Sage 的语法与 Python、SymPy 十分相像，也支持 Jupyter Notebook，读者若想从 SymPy 过渡到 Sage 并不困难。

- 很多读者都惧怕数学中各式各样的抽象计算、推导和操作。而使用 SymPy，读者只要理解若干简单的数学概念，就能实施日常教学中几乎所有（简单的和复杂的）计算和推导工作，从而使读者快速理解基本概念，掌握计算技巧，树立起学好、用好数学的信心。

- SymPy 的特点是能操作带有符号的抽象数学表达式，读者可以将其看成是专门领域中的一种人工智能符号推理框架。像其他人工智能应用一样，它不能代替人们学习数学思想、概念和理论，但能帮助人们克服很多学习中的困难，拉近与数学本质的距离。

- SymPy 也有一些局限性，例如 SymPy 不太擅长做"真正的"数值计算，这类任务可以交给 NumPy（或 SciPy，以及其他更适合做计算的扩展模块）去做。

- SymPy 的绘图功能在 Matplotlib 基础上做了一些简化，更符合数学实践的需要。SymPy 像 Matplotlib 一样，它的强项在于绘制基于数据的统计图形和函数图形，并不擅长绘制构造复杂的几何图形，尤其是"纯"几何图形（即没有明确对应代数表达式的图形），像平面几何或者立体几何中经常遇到的那类图形。虽然 SymPy 中有一些专用于绘制几何图形的函数（如用于绘制点、线、面和常见几何形体的函数），但使用起来并不方便，绘制这类图形应该选择其他工具，如 GeoGebra 或几何画板等。

- 本章只是从计算思维的视角概略地汇集了与人工智能编程有关的部分数学内容,仅作为帮助读者复习巩固和快速学习数学知识的辅助。

6.1 SymPy 简介

SymPy 是建立在 NumPy 基础上的一个做抽象数学操作的扩展库,在功能上类似于商业数学软件 MatLab 或 Mathematica。它可以看作用 Python 编程调用方式来实现的一组 MatLab 风格的函数库。理论上讲,SymPy 可以操作任意复杂的符号数学表达式。下面我们将从以下几个方面认识 SymPy。

6.1.1 数值计算与符号计算

计算能力是数学的基础。数学中的计算能力包括两个方面:数值计算和符号计算。

- **数值计算**就是通常所理解的,仅涉及具体数(整数、浮点数等)的各种计算,包括四则运算、乘方开方,以及其他各种函数在特定数处的取值等,例如,下列表达式所涉及的都是数值计算。

$$35 \times (-8.7) + \sqrt{6.7} \,,\ \sin\left(\frac{\pi}{7}\right),\ 2.5^3$$

- **符号计算**指涉及用符号表示的抽象数学对象的计算,数学对象的符号表示意味着在对包含对象的表达式进行操作或计算过程中,这些数学对象总是以精确的、而不是近似的形式出现。例如,下列表达式涉及的符号计算。

$$(a+b-2)^3,\ \log_{10}(x+1),\ \frac{-3x^2+2x+7}{x^3-x+1}$$

符号计算能很好地避免由于数值计算产生的误差。

例如用 Python 内建函数(见第一章)计算一个数的平方根。

```
# 导入 SymPy 扩展库
from sympy import *

init_printing()        # 初始化,增加这条语句的目的是为了让数学公式输出效果更优美
```

```
import math

一个近似值 = math.sqrt(3)
一个近似值
```

1.7320508075688772

如果平方根是一个无理数(如本例中的$\sqrt{3}$),数值计算得到的结果实际上只是一个近似值。$\sqrt{3}$是一个无理数,其精确值不能用有限位小数表示出来。因此,无论计算出的近似值多么逼近真实值,总会有误差。如果后续的操作需要继续使用$\sqrt{3}$的值,那么由近似值带来的误差就会不断扩大。

```
(一个近似值) ** 2
```

2.9999999999999996

此时,符号计算就显示出其优势。如果将$\sqrt{3}$视为一个数学对象,一个具有特定性质的固定值,那么它可以作为符号出现在任何表达式中,而且经过任何操作和变换后都不会产生误差。

在实际的应用中,所涉及的数学对象和操作越复杂,符号计算的优势就越明显。

```
import sympy

一个符号 = sympy.sqrt(3)
一个符号
```

$\sqrt{3}$

```
(一个符号) ** 2
```

3

1. 数值计算

SymPy本身虽不擅长计算,但它毕竟是建立在NumPy之上的,可以调用NumPy应对日常数学实践中所能遇到的各种常规计算。

当需要计算出某个量的实际数值时,可以使用方法 n()(将量本身看成一个对象实例),括号内可以传递一个整数参量,指定计算的精度(保留小数点后面的位数)。

与方法 n()在功能上等价的另一个用于计算的方法是 evalf(),两者可以互换使用。此外,SymPy还有一个全局函数 N(),作用到一个量上,用于计算具体数值。

例如,计算出圆周率 π 精确到小数点后30位的近似值。

```
pi          # SymPy 中表示数学常数圆周率的对象
```

π

```
# 圆周率的近似值(精确到小数点后 30 位),第一种方法
pi.n(30)
```

3.14159265358979323846264338328

```
# 圆周率的近似值(精确到小数点后 30 位),第二种方法
pi.evalf(30)
```

3.14159265358979323846264338328

```
# 圆周率的近似值(精确到小数点后 30 位),第三种方法
N(pi, 30)
```

3.14159265358979323846264338328

理论上,SymPy 可以按任意精度(精确到小数点后面任意位数)计算出数学、物理和其他科学常量的近似值,但在实践中受限于机器的存储和运行速度的影响,很难做到。

数学中还有另一个著名的常数,即自然对数的底,也称为欧拉常数。这个数在 SymPy 中表示为 E(大写),实际显示为小写字母 e,与数学中的用法完全一致。

```
E
```

e

```
# 计算 e 的近似值(精确的小数点后 15 位)
E.n(15)
```

2.71828182845905

```
log(E)
```

1

在 SymPy 中,以 e 为底的自然对数用 log 表示,而以 10 为底的对数(常用对数)以及其他对数则需要使用换底公式来计算。

如果一个表达式中包含像圆周率、自然对数的底或者 $\sqrt{7}$ 这样的对象,并且没有指定计算具体的数值,SymPy 将在计算结果中尽可能保留这些对象(即理论上的值)。如下列代码所示:

```
cos(pi/4), tan(5 * pi / 6)
```

$$\left[\frac{\sqrt{2}}{2}, -\frac{\sqrt{3}}{3} \right]$$

如果要计算出实际的数值(精确的或近似的),需要明确指定方法。

```
cos(pi / 4).n(15), tan(5 * pi / 6).n(15)
```

(0.707106781186548, -0.577350269189626)

2. 符号与符号计算

符号计算是数学抽象和推理的重要表现形式之一，也是 SymPy 扩展库的标志性特征。

在 SymPy 中，**符号**（symbols）一词的含义非常接近数学实践中"变量""不定元""参数"这些概念，即可用于指代某些具体对象的字母。符号是构造**符号表达式**（即数学表达式）的基本建造块。

在 SymPy 中，每个符号在使用之前都需要进行明确定义，创建一个符号名。

定义 SymPy 符号时需要区分单个符号还是多个符号，如果一次创建一个符号，使用单数形式 Symbol，同时创建多个符号，则使用复数形式 symbols。

```
x = Symbol('x')              # 创建一个符号，并命名为 x
```

```
y, z = symbols('y z')        # 同时创建两个符号 y, z
```

> **提示**
>
> 在 SymPy 的符号定义中，等号右边是符号内容本身，等号左边的只是符号名，是符号的代表（即标识），两者在形式上不一定相同。

```
from sympy import *
x = Symbol('一个变量')
x
```

一个变量

```
x + 1
```

一个变量 + 1

最常见的情况是符号名与符号相同，而且为了避免出现指代混乱，一般尽量让符号名与符号保持一致。

SymPy 的**符号表达式**是 SymPy 符号、具体数值（包括常量）、数学运算和函数的有效组合。任何符号表达式都可以赋给一个变量，且变量的命名规则与 Python 变量的命名规则一致。下面是符号表达式的一个简单例子。

```
一个符号表达式 = x ** 2 - 1    # 使用符号 x 定义一个符号表达式，并给其起一个名字
一个符号表达式                  # 显示符号表达式的内容
```

$x^2 - 1$

SymPy 内建有很多用于操作符号表达式的通用方法和函数，它们的用法与常规的数学运算非常类似。例如，对于数学中比较简单的符号表达式（如多项式或有理分式），可以对其进行化简、合并同类项及因式分解等。

表 6-1 列出了 SymPy 中用于符号表达式的四个常用函数。

表 6-1 四个常用函数

函　数	示　例	解　释	结　果
simplify	simplify (2 * x - 3 * x + 42)	化简	$-x+42$
factor	factor (x ** 3 - 1)	分解	$(x-1)(x^2+x+1)$
expand	expand ((2 - x) * (3 + y))	展开	$-xy+2y-3x+6$
collect	collec (x ** 2 + x * b + a * x, x)	合并	$x^2+x(a+b)$

代换是针对符号表达式的一种特殊操作,指在一个表达式中用一个数值、符号或另一个符号表达式替换指定的符号。

在 SymPy 中用于完成这一操作的是 subs()方法。在调用 subs()方法时,只须给它传递一个替换的字典对象{key：val, ...},其中 key 指定要替换的变量,val 指定要替换的值。

```
x, y = symbols('x y')

表达式 = sin(x) + cos(y)
表达式
```

sin(x)+cos(y)

```
表达式.subs({x:1, y:2})        # 将 x=1,y=2 代入到表达式中
```

cos(2)+sin(1)

```
表达式.subs({x:1, y:2}).n()     # 计算出代换后的近似值
```

0.425324148260754

```
a, b = symbols('a b')         # 定义两个新符号
z = a + b                     # 定义一个新表达式

表达式.subs({x:z, y:pi / 2})    # 用表达式 z 代换 x, 值 pi/2 代换 y
```

sin($a+b$)

6.1.2　多项式及有理分式

多项式及有理分式(即两个多项式的商)是最基本的符号表达式,也是学生在数学学习中遇到的首批非数值数学表达式对象和初等函数。

如果多项式(有理分式)中仅包含一个符号,则称为**一元多项式**(有理分式),包含两个及两个以上

符号的则称为**多元多项式**(有理分式)。如果将符号看成变量,并指定定义域和值域,多项式也可以看成初等函数,即不同幂次的幂函数之和。

SymPy 中有很多用于定义和操作这类对象的函数、方法(有些也可以操作更复杂类型的符号表达式),对于学习相关知识,理解并深化运算规律具有很大价值。

```
a = (x - y) ** 5       # 符号x,y前面已经定义过
a
```

$(x-y)^5$

SymPy 不会自动展开带有括号及乘幂的表达式,如果必须展开的话,可以使用函数 expand()。

```
expand(a)
```

$x^5 - 5x^4y + 10x^3y^2 - 10x^2y^3 + 5xy^4 - y^5$

展开后可以看出,表达式 a 是一个二元多项式。可以使用一些属性函数,获取多项式 a 的某些信息。*例如,函数* degree() 可用于获取该多项式的关于 x 的(最高)次数。

```
degree(a,x)
```

5

还可以按符号 x 的同幂次来合并同类项。

```
b = expand(a)
collect(b, x)
```

$x^5 - 5x^4y + 10x^3y^2 - 10x^2y^3 + 5xy^4 - y^5$

函数 expand() 的功能不仅仅是展开多项式,有时也起到化简多项式的作用。

```
expand((x + 1) * (x - 2) - (x - 1) * x)
```

-2

函数 factor() 可将任何整系数多项式分解为不可约整系数多项式的乘积(多项式因式分解),作用在多项式上,功能与函数 expand() 恰好相反。

```
c = factor(b)
c
```

$(x-y)^5$

```
x = Symbol('x')
factor(x ** 3 - x ** 2 + x - 1)
```

$(x-1)\ (x^2+1)$

```
x, y, z = symbols('x y z')
factor(x ** 2 * z + 4 * x * y * z + 4 * y ** 2 * z)
```

$z\,(x+2y)^2$

通常,SymPy 在处理符号表达式时,会尽量保持定义时的原始形态。如 SymPy 一般不会自动地消掉有理分式中分子分母的最大公因子。如果必须消去,需使用函数 cancel()。

```
d = (x ** 3 - y ** 3)/(x ** 2 - y ** 2)
d
```

$$\frac{x^3-y^3}{x^2-y^2}$$

```
cancel(d)
```

$$\frac{x^2+xy+y^2}{x+y}$$

```
x, y, z = symbols('x y z')
k = (x * y ** 2 - 2 * x * y * z + x * z ** 2 + y ** 2 - 2 * y * z + z ** 2)/
(x ** 2 - 1)
k
```

$$\frac{xy^2-2xyz+xz^2+y^2-2yz+z^2}{x^2-1}$$

```
cancel(k)
```

$$\frac{y^2-2yz+z^2}{x-1}$$

类似地,SymPy 也不会自动使用"通分法"求两个有理分式的和,如果一定要通分求和,可以使用函数 together()。

```
a = y / (x - y) + x / (x + y)
a
```

$$\frac{x}{x+y}+\frac{y}{x-y}$$

```
b = together(a)
b
```

$$\frac{x(x-y) + y(x+y)}{(x-y)(x+y)}$$

SymPy 的函数 simplify()（化简）作用到一个符号表达式时，总是尝试尽可能将原表达式写为**最简形式**，但在数学中，**最简**并没有一个明确的概念，在不同场合下，最简形式可能有多种。函数 simplify() 每次化简结果都不同。

例如，表达式 a 已经有两种不同呈现形式，如果再使用函数 simplify()，还会产生第三种形式。

```
c = simplify(a)
c
```

$$\frac{x^2 + y^2}{x^2 - y^2}$$

此外，还可以用其他专用有理分式的函数产生目的更明确的表达式变换，例如，下例中函数 apart() 作用于有理分式 a，将会产生关于 x 的部分分式分解。

```
d = apart(a, x)
d
```

$$-\frac{y}{x+y} + \frac{y}{x-y} + 1$$

现在，表达式 a 已经有四种不同形式了，哪一种算是最简形式要取决于表达式应用的场合。

需要注意的是，表达式 a 与其他三种变换后的表达式不是恒等的，但它们的运算结果是相同的。

```
a == b          # 两个表达式不是恒同的
```

False

```
simplify(a - b)      # 但两个表达式的"值"相等
```

0

```
x = symbols('x')

一个复杂有理分式 = (4 * x ** 3 + 21 * x ** 2 + 10 * x + 12)/(x ** 4 + 5 *
x ** 3 + 5 * x ** 2 + 4 * x)
一个复杂有理分式
```

$$\frac{4x^3 + 21x^2 + 10x + 12}{x^4 + 5x^3 + 5x^2 + 4x}$$

```
部分分式分解 = apart(一个复杂有理分式)
部分分式分解
```

$$\frac{2x-1}{x^2+x+1} - \frac{1}{x+4} + \frac{3}{x}$$

6.1.3　初等函数

在数学中,初等函数通常指由幂函数与根式函数、三角函数与反三角函数、指数函数与对数函数这几组互为反函数的函数(称为**基本初等函数**),以及经由这些函数通过初等算术(包括加、减、乘、除、乘方、开方等)运算所产生的其他函数。

SymPy 内置了所有基本初等函数,而且函数的记号与常规数学计算(以及 NumPy)中所使用的基本一致,但要注意的是,一些函数的记号与我国中小学数学教材中所使用的记号略有差异。

下面通过几个简单例子熟悉 SymPy 的内置初等函数。

```
from sympy import *


x = Symbol('x')


sin(-x)
```

$-\sin(x)$

对于 $x > 0$,以欧拉常数 e 为底的指数函数 $\exp(x)$(数学中也常记为 e^x)与自然对数函数互为反函数。

在定义 SymPy 符号时,可以通过一个属性参数指定其具有的某些特定性质,如常用的实数(real)、正数(positive)及整数(integer)等,如下列代码片段。

```
x = Symbol('x', positive = True)
exp(log(x)), log(exp(x))
```

(x, x)

SymPy 中有对常用数学函数的各种操作,既适用于所有函数的通用函数或方法,也有针对某类具体初等函数的专有函数或方法。在讨论多项式及有理分式时,已经看到了一些这样的函数。

下面针对初等函数给出了一些常用操作函数的实例。

```
x = Symbol('x')
cos(acos(x))          # 余弦函数 cos() 与反余弦函数 acos()
```

x

```
x = Symbol('x')
sin(asin(x))        # 正弦函数 sin() 与反正弦函数 asin()
```

x

trigsimp()（三角函数化简）是专门用于化简含有三角函数表达式的专用函数，与通用函数 simplify() 的功能类似。

函数 trigsimp() 会尝试将包含有三角函数的表达式重写为可能的最简形式。如前所述，所谓最简形式并不唯一，所以在有些场合下，函数 trigsimp() 作用于三角函数所得出的化简结果与所期待的结果可能有些出入。

```
trigsimp(sin(x) ** 2 + cos(x) ** 2)
```

1

```
trigsimp(sin(x) ** 4 - 2 * cos(x) ** 2 * sin(x) ** 2 + cos(x) ** 4)
```

$$\frac{\cos(4x)}{2} + \frac{1}{2}$$

```
trigsimp(2 * sin(x) ** 2 + 3 * cos(x) ** 2)
```

$\cos^2(x) + 2$

函数 expand_trig() 在功能上与 trigsimp() 相反，它作用到一个三角表达式后，会尝试将其尽可能地展开。例如，将包含两个或多个角之和的正弦及余弦展开（和角公式）。

```
x, y = symbols('x y')
expand_trig(sin(x - y))        # 正弦差角公式
```

$\sin(x)\cos(y) - \sin(y)\cos(x)$

```
expand_trig(sin(2 * x))        # 正弦倍角公式
```

$2\sin(x)\cos(x)$

```
expand_trig(tan(2 * x))
```

$$\frac{2\tan(x)}{1 - \tan^2(x)}$$

与三角函数的情况类似，函数 expand_log()（按对数展开）和函数 logcombine()（按对数组合）是适用于对数函数的一对功能相反的变换，如下列代码所示。

```
p, q = symbols('p q', positive = True)        # 定义两个正的符号 p, q

含对数的表达式 = log(p * q ** 2)                # 定义一个含对数的表达式
含对数的表达式
```

$\log(pq^2)$

```
关于对数展开 = expand_log(含对数的表达式)
关于对数展开
```

$\log(p) + 2\log(q)$

```
关于对数组合 = logcombine(关于对数展开)
关于对数组合
```

$\log(pq^2)$

下面一组函数则是关于指数函数与幂函数的,功能与前面的类似。

首先,函数 expand_power_exp() 可将指数和写成乘积(即幂函数的指数和公式 $x^{(a+b)} = x^a x^b$)的形式。

```
x, a, b = symbols('x a b')
指数和 = x ** (a + b)
指数和
```

x^{a+b}

```
展开指数和 = expand_power_exp(指数和)
展开指数和
```

$x^a x^b$

函数 powsimp() 既适用于幂函数,也适用于指数函数,这取决于将哪个符号看成自变量。确定自变量后,它尝试从另一个方向上化简。

```
powsimp(exp(x) * exp(2 * y))
```

e^{x+2y}

这相当于指数函数(以 e 为底)的公式。

$$e^x e^y = e^{x+y}.$$

补充阅读：复值函数

　　如果熟悉复值函数就会知道，公式 $\exp(\log(z))=z$ 对于任何复数 z 都是正确的。但另一面的互逆关系 $\log(\exp(z))=z$ 对于一般复数 z 就不一定成立了，因为此时 $\log$ 是多值函数。在 SymPy 中也是如此。

　　在使用语句(或者其复数形式的语句)x= Symbol('x')定义符号时，SymPy 默认所定义的符号取复数值。如下列代码所示。

```
z = Symbol('z')        # 符号 z 默认为复数
log(exp(z))            # z 是复数时，一般这与 z 不同
```

$\log(e^z)$

　　在 SymPy 中，虚数单位(即$\sqrt{-1}$)用 I 表示。在下列代码中尝试对 $z=2\pi i$ 进行计算。

```
log(exp(2 * pi * I))
```

0

　　显然 $0 \neq 2\pi i$，因此，对于复数 z，一般 $\log(\exp(z)) \neq z$。当然，如果限制符号 x 只取实数，那么 $\log(\exp(x))=x$。

　　在 SymPy 中，可以通过下列代码看出。

```
x = Symbol('x', real = True)      # 指定符号 x 仅能取实数值
log(exp(x))
```

x

　　SymPy 中的其他函数也有类似的情况，如下列代码所示：

```
x = Symbol('x')
sqrt(x ** 4)
```

$\sqrt{x^4}$

　　表达式$\sqrt{x^4}$不等于 x^2 的原因和前面的自然对数类似。

　　例如，在上述例子中指定符号 x 只能取正数，SymPy 就能够更好地化简表达式。

```
x = Symbol('x', positive = True)      # 指定符号 x 仅取正实数值
sqrt(x ** 4)
```

x^2

```
n = Symbol('n', integer = True)    # 符号 n 只能取整数值
exp(2 * pi * I * n)
```

$e^{2i\pi n}$

使用通用化简函数 simplify() 可以得到最简的结果。

```
simplify(exp(2 * pi * I * n))
```

1

此外，还可以使用方法 rewrite() 尝试用指定的函数重写表达式，以达到化简的目的。

```
z = Symbol('z')
cos(z).rewrite(exp)    # 用 exp 函数形式重写 cos(z)。
```

$\dfrac{e^{iz}}{2} + \dfrac{e^{-iz}}{2}$

```
exp(I * z).rewrite(cos)    # 用 cos 函数重写 exp(I * z)。
```

$i\sin(z) + \cos(z)$

```
asin(z).rewrite(log)    # 用 log 函数重写 asin(z) (反正弦函数)。
```

$-i\log(iz + \sqrt{1 - z^2})$

6.2 使用 SymPy 解方程

解方程是理解和运用数学（特别是代数）的一项基本功，很多理论及应用问题都可以归结为某种形式的方程，而问题的解则归结为求解方程。因此，解方程是数学最重要的思想方法之一。

1. 定义方程

在 Python 中等号=（或者双等号== ）都有特殊的含义，因此在 SymPy 中使用了一个专门定义方程的函数 Eq()，括号里可以给出两个表达式，分别代表方程的两端（等号左边和右边）。

```
a, b, c = symbols('a b c')    # 定义一组符号
x, y, z = symbols('x y z')    # 定义一组符号
```

```
Eq(a * x, b)    # 定义一个方程
```

$ax = b$

SymPy 有两个用于解方程的函数：solve() 和 solveset()。

2. 使用函数 solve( )求解方程

函数 solve( )的用法十分简单,只须将方程本身和要求解的变量(或称未知量、不定元)作为参数传递给函数即可,函数将返回解的列表。

```
solve(Eq(a * x, b), x)    # 关于"变量"x 求解上述方程
```

$$\left[\frac{b}{a}\right]$$

方程一般都可以重写为 expr ＝＝0(expr 是一个包含未知量的表达式)的形式。例如,方程 $A(x) = B(x)$ 的解与 $A(x)-B(x)=0$ 的解相同。用这种形式求解方程时,等号右边的 0 就变成多余的了,所以也可以不使用函数 Eq( ),直接将等号左边的表达式传递给 solve( )(默认方程右边为 0)。

这样使用函数 solve( )时,它可以接收两个参数 expr 和 var,意思是解关于变量 var 的方程 expr ＝＝0。

```
solve(a * x + b, x)      # 关于 x 求解方程 ax + b = 0
```

$$\left[-\frac{b}{a}\right]$$

```
x = Symbol('x', real = True)
solve(x ** 2 + 1, x)
```

[]

方程 $X^2+1=0$ 没有实数解,所以上述代码片段输出的解为空列表。如果不限制未知量取实数,则可以得到如下两个复数解。

```
z = Symbol('z')
solve(z ** 2 + 1, z)
```

$[-i, i]$

下面的代码片段输出了一元二次方程的求根公式。

```
a, b, c, x = symbols('a b c x')
solve(a * x ** 2 + b * x + c, x)
```

$$\left[\frac{-b+\sqrt{-4ac+b^2}}{2a}, -\frac{b+\sqrt{-4ac+b^2}}{2a}\right]$$

除含一个未知量的方程外,函数 solve( )也可以用于求解某些包含多个未知量的方程。求解包含多个未知量的方程时,需要将待求解的方程列表和未知量的列表作为参数传递给函数,运行后,返回一个由方程组的解所构成的字典,其中关键词为未知量,值为该量的具体取值。

例如，下面是一个求解二元一次线性方程组的实例。

```
a, b, c, d, e, f, x, y = symbols('a b c d e f x y')
solve([a * x + b * y - e, c * x + d * y - f], [x, y])
```

$$\left\{x:\ \frac{-bf+de}{ad-bc},\ y:\ \frac{af-ce}{ad-bc}\right\}$$

如果求解的是一元多项式方程（如一元二次方程），还可以使用另一个专用函数 roots()。调用这个函数将返回一个多项式的所有根，及其每个根所对应的"重数"（重根），如下列代码片段所示。

```
roots(x ** 3 - 3 * x + 2, x)
```

{-2:1, 1:2}

求解结果表明，一元三次多项式方程 $x^3-3x+2=0$ 有三个根 -2，1，1，其中 1 是重根。这个事实也对应如下方程：

$$x^3-3x+2=(x+2)(x-1)^2.$$

如果使用函数 solve() 求解这个方程，函数返回的解则看不出重根的情况。

```
solve(x ** 3 - 3 * x + 2, x)
```

[-2, 1]

若要求解多元多项式的方程或方程组，则需要使用函数 solve_poly_system()。

```
x, y = symbols('x y')

p1 = x ** 2 + y ** 2 - 1
p2 = 4 * x * y - 1

solve_poly_system([p1, p2], x, y)
```

$$\left[\left(4\left(-1-\sqrt{\frac{1}{2}-\frac{\sqrt{3}}{4}}\right)\sqrt{\frac{1}{2}-\frac{\sqrt{3}}{4}}\left(1-\sqrt{\frac{1}{2}-\frac{\sqrt{3}}{4}}\right),\ -\sqrt{\frac{1}{2}-\frac{\sqrt{3}}{4}}\right),\right.$$

$$\left(-4\left(-1+\sqrt{\frac{1}{2}-\frac{\sqrt{3}}{4}}\right)\sqrt{\frac{1}{2}-\frac{\sqrt{3}}{4}}\left(\sqrt{\frac{1}{2}-\frac{\sqrt{3}}{4}}+1\right),\ \sqrt{\frac{1}{2}-\frac{\sqrt{3}}{4}}\right),$$

$$\left(4\left(-1-\sqrt{\frac{\sqrt{3}}{4}+\frac{1}{2}}\right)\left(1-\sqrt{\frac{\sqrt{3}}{4}+\frac{1}{2}}\right)\sqrt{\frac{\sqrt{3}}{4}+\frac{1}{2}},\ -\sqrt{\frac{\sqrt{3}}{4}+\frac{1}{2}}\right),$$

$$\left.\left(-4\left(-1+\sqrt{\frac{\sqrt{3}}{4}+\frac{1}{2}}\right)\sqrt{\frac{\sqrt{3}}{4}+\frac{1}{2}}\left(\sqrt{\frac{\sqrt{3}}{4}+\frac{1}{2}}+1\right),\ \sqrt{\frac{\sqrt{3}}{4}+\frac{1}{2}}\right)\right]$$

3. 使用 solveset() 求解方程

当待求解方程的解比较复杂时,函数 solve() 就不够用了(如求解三角方程),此时可以使用另一个函数 solveset()。函数 solveset() 的调用方式与函数 solve() 类似,可传递给函数的参数有三个:

- 第一个参数表示一个方程,可以是 Eq() 的形式(完整的方程),也可以是一个表达式(方程的等号右边默认为 0)的形式。
- 第二个参数为符号的一个列表,代表要求解的未知量。
- 第三个参数为所涉及函数的定义域,也是求解范围,如整数解、有理数解、实数解或复数解等。

因为解的情况复杂,函数 solveset() 的返回结果也可能有多种形式,但都可以表示为某种集合的形式:

- 有解的情况:函数返回一个有限集合 FiniteSet(有限个解,且解为离散的情形),一个区间 Interval(一个未知量,且解为连续的情形)或一个图像集 ImageSet(两个未知量,且解为连续的情形)。
- 无解的情况:函数返回空集 EmptySet。
- 没能找到解的情况:返回一个解所满足的条件集合 ConditionSet。

```
x = Symbol('x')
solveset(x ** 2 - x, x)        # 解为有限集的情形
```

{0, 1}

```
x = Symbol('x')
solveset(x - x, x, domain = S.Reals)     # 解为整个定义域的(无限集)情形
```

$\mathbb{R}$

```
x = Symbol('x')
solveset(sin(x) - 1, x, domain = S.Reals)     # 三角方程的解,一个无限集
```

$$\left\{2n\pi + \frac{\pi}{2} \mid n \in \mathbb{Z}\right\}$$

```
x = Symbol('x')
solveset(exp(x), x)    # 无解的情况
```

$\varnothing$

```
x = Symbol('x')
solveset(cos(x) - x, x)    # 找不到解的情况
```

$\{x \mid x \in \mathbb{C} \wedge - x + \cos(x) = 0\}$

找不到解的原因很多,可能是在指定的范围内无解,也可能有解,但函数 solveset() 还没有实现求解的算法。

在上例中,方程 $\cos(x)-x=0$ 显然有实数解(从 $f(x)=\cos(x)$ 和 $f(x)=x$ 的图形可以看出),solveset() 却无法找到解的表达形式,所以只将解应该满足的条件重新列出。

6.3 使用 SymPy 绘图

SymPy 实际上通过调用 matplotlib 来绘图,但 SymPy 对 matplotlib 绘图过程进行了适当的简化,因此使用起来更接近日常数学中的绘图习惯。例如,在绘制函数图像时,SymPy 会自适应地分配 x 轴上的点,而不是像原始 matplotlib 绘图那样均匀分配。

```
%matplotlib inline
from sympy import *
```

6.3.1 函数绘图

使用 SymPy 绘制函数图像与 Matplotlib 类似,但比后者更简单,因为只须将要绘制的函数和自变量的取值范围传递给绘图函数 plot() 即可。

以下是绘制不同类型函数图像的示例。

```
x = Symbol('x', real = True)
plot(sin(x) / x, (x, -15, 15))
```

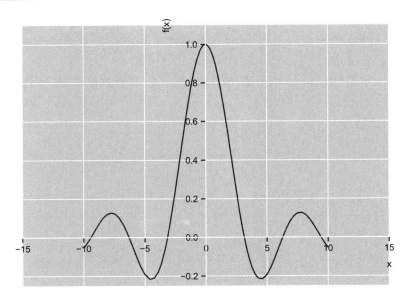

```
plot(x, x ** 2, x ** 3, (x, 0, 2))
```

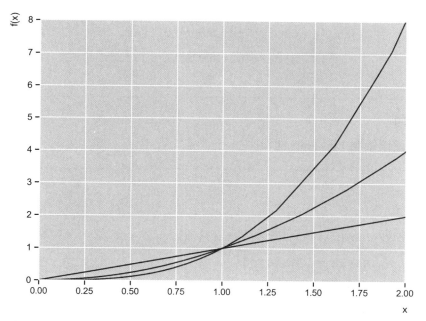

< sympy.plotting.plot.Plot at 0x2ca9d22d888>

```
plot(x, cos(x), (x, -2, 2))
```

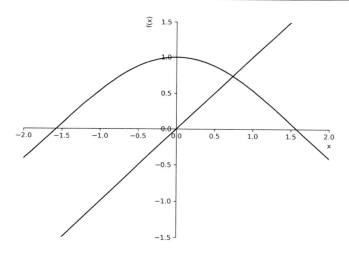

< sympy.plotting.plot.Plot at 0x2ca9d47d348>

6.3.2 2D 函数绘图

除基本绘图函数 plot() 外，SymPy 还有一个专门的绘图模块 sympy.plotting，里面包含多种不同功能的绘图函数。

下面是其中几种常用绘图函数的示例。

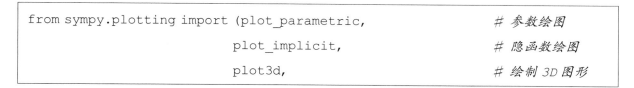
```
from sympy.plotting import (plot_parametric,          # 参数绘图
                            plot_implicit,            # 隐函数绘图
                            plot3d,                   # 绘制 3D 图形
```

```
                   plot3d_parametric_line,          # 绘制 3D 参数曲线
                   plot3d_parametric_surface        # 绘制 3D 参数曲面
               )
```

1. 2D 参数绘图

通过 2D 参数绘图绘制 Lissajous 曲线

```
# 参数绘图 - Lissajous 曲线
t = Symbol('t')
plot_parametric(sin(2 * t), cos(3 * t), (t,0,2 * pi),     # 参数方程
                title = 'Lissajous',                       # 图的标题
                xlabel = 'x',                              # x- 轴标签
                ylabel = 'y'                               # y- 轴标签
                )
```

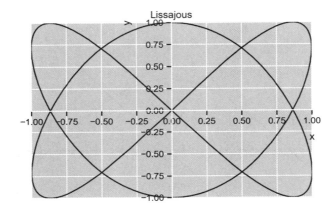

```
< sympy.plotting.plot.Plot at 0x2ca9e0b0908>
```

2. 2D 隐函数绘图

通过 2D 隐函数绘图绘制一个圆。

```
# 隐函数绘图 - 一个圆
x, y = symbols('x y')

plot_implicit(x ** 2 + y ** 2 - 1,       # 隐函数方程
              (x, -1, 1),                # x- 轴的范围
              (y, -1, 1),                # y- 轴的范围
              aspect_ratio = False       # 是否保持坐标轴的纵横比
              )
```

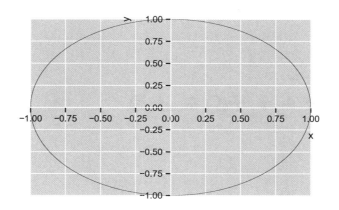

6.3.3　3D 函数绘图

　　下面是利用函数 plot() 进行 3D 绘图的例子。

```
# 三维空间中的曲面
% matplotlib inline
x, y = symbols('x y')
plot3d (x * y,                 # 3D 曲面的方程
        (x, -2, 2),            # x- 坐标范围
        (y, -2, 2),            # y- 坐标范围
        inline = True          # 是否使用行内模式
    )
```

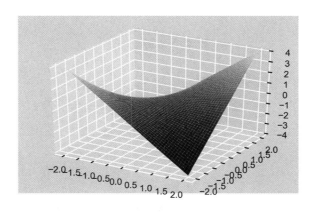

< sympy.plotting.plot.Plot at 0x2caa38cf208>

　　上述语句使用的是**行内模式**（将图形显示在 Jupyter Notebook 的输出单元中），也可以改为使用交互模式。操作时，将绘图函数中的参数 inline = True 改为 inline = False，删除魔法指令 %matplotlib inline。

　　运行代码后，将打开一个新的、独立的交互式绘图窗口，用鼠标点击图像可以平移、拉伸、缩放或

旋转曲面,点击窗口的工具栏,还可以对图形进行其他操作。图 6-1 是本例的独立绘图窗口运行界面截图。

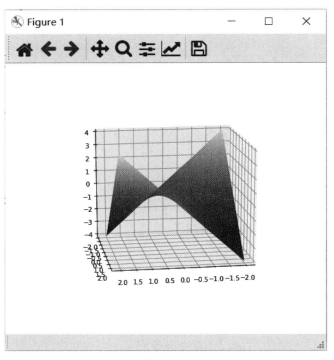

图 6-1 交互模式下的截图

这个方式也适用于其他三维绘图函数,如以下三维绘图函数。

```
# 将多个曲面绘制在一幅图形中
x, y = symbols('x y')
plot3d(x ** 2 + y ** 2,      # 第一个曲面
       x * y,                # 第二个曲面
       (x, -2, 2),
       (y, -2, 2)
       )
```

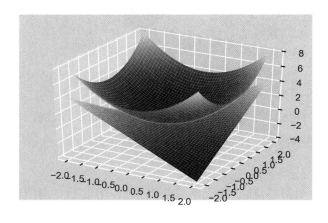

```
# 3D 参数曲线 - 螺旋线
a = 0.1   # 一个因子，用于控制螺旋上升的幅度


t = Symbol('t')
plot3d_parametric_line (cos(t),          # 参数方程的 x- 坐标
                        sin(t),          # 参数方程的 y- 坐标
                        a * t,           # 参数方程的 z- 坐标
                        (t, 0, 4 * pi)   # 参数的取值范围
                       )
```

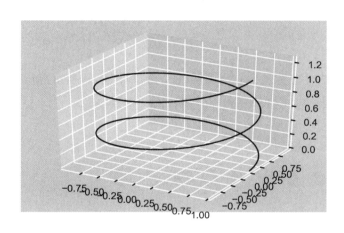

```
# 3D 参数曲面 - 一个环面


# %matplotlib              # 独立窗口版本
%matplotlib inline         # 行间绘图版本


a = 0.5                    # 一个因子，用于控制环面的压扁程度


u,v = symbols('u v')       # 3D 参数曲面需要两个参数


plot3d_parametric_surface((1 + a * cos(u)) * cos(v),   # 确定 x- 坐标的参数方程
                          (1 + a * cos(u)) * sin(v),   # 确定 y- 坐标的参数方程
                          a * sin(u),                  # 确定 z- 坐标的参数方程
                          (u, 0, 2 * pi),              # 参数 u 的取值范围
                          (v, 0, 2 * pi),              # 参数 v 的取值范围
```

```
            inline = True                              # 行间版本
            # inline = False                           # 独立窗口版本
        )
```

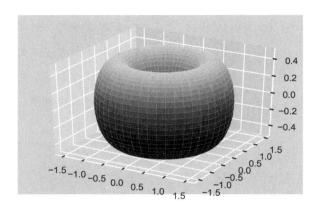

在独立窗口的版本,按住鼠标左键并拖动可以改变 3D 图形的观察视角,按住鼠标右键并拖动可以缩放 3D 图形。适当调整后,可以看到圆环的"洞",如下图所示。

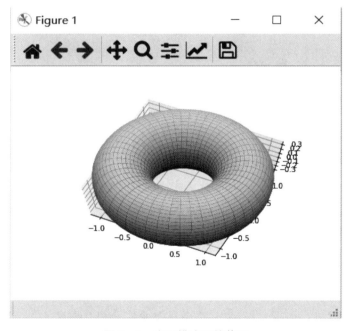

图 6‑2　交互模式下的截图

6.4　微积分

本节中,我们将学习使用 SymPy 进行基本微积分计算,包括求极限(数列极限、无穷级数与函数极限)、函数的导数(微分、偏导数、梯度)、函数优化(临界点、最大值与最小值、鞍点)、积分(不定积分、定积分)及函数级数(幂级数、泰勒级数、马克劳林级数)等。

```
from sympy import *
```

要准确地描述无穷大、无穷小,以及一般具有无限多个步骤过程,需要引入极限的概念。

微积分中的无穷大不是数,而是一个过程。**正无穷大**(记为$+\infty$,在不会产生混淆的情况下简记为∞)可以理解为一个无限增大的过程,最终能超过任何给定的正数;而负无穷大(记为$-\infty$)可以理解为一个无限减小的过程,最终能小于任何给定的负数。

在 SymPy 中,(正)无穷大用 oo 来表示。

```
oo
```

∞

虽然无穷大并非一个数,但在某些限定的条件下也可以与普通数一起运算,服从一些运算法则,这些运算法则与普通数的运算法则是相容的。

如下列运算法则在计算中是经常使用的:

- $\infty + 1 = \infty$.
- ∞比任何有限的正数都要大。
- $\dfrac{1}{\infty}$是一个无穷小。

在绝大多数情况下,SymPy 知道如何正确处理表达式中的无穷大。

```
oo + 1
```

∞

```
5000 < oo
```

```
True
```

```
1 / oo
```

```
0
```

6.4.1 数列与级数

1. 数列

数列(也称为**序列**)就是以正整数(或自然数)为定义域、取值为实数的函数(只考虑实数数列)。如果用 $\mathbb{N}$ 表示全体自然数的集合:

$$\mathbb{N} = \{0, 1, 2, \cdots\}.$$

所有正整数(自然数中除去 0)的集合则表示为

$$\mathbb{N}^+=\{1,\, 2,\, \cdots\}.$$

现在,数列就是一个函数:

$$a: \mathbb{N}^+ \to \mathbb{R}$$

或者函数(如果希望数列从第 0 项开始)

$$a: \mathbb{N} \to \mathbb{R}.$$

数列通常记为 $\{a_n\}_{n\geqslant 1}$,或者 $(a_n)_{n\geqslant 1}$(经常略去括号外面的下标),而不是用函数的记号 $a(n)$。

换言之,数列即按如下形式排列的一串数字:

$$a_1,\, a_2,\, \ldots,\, a_n,\, \ldots$$

a_n 是数列的第 n 项,也称为**通项**。如果希望数列从第 0 项开始,就使用自然数作为定义域。

以下为两个数列的示例:

```
from sympy import *
n = Symbol('n', Integer = True)        # 定义一个整数型符号


a_n = 1 / n ** 2                       # 第一个数列
b_n = 1 / factorial(n)                 # 第二个数列,factorial()是阶乘函数
```

```
a_n     # 显示数列 a_n 的第 n 项
```

$$\frac{1}{n^2}$$

```
b_n     # 显示数列 b_n 的第 n 项
```

$$\frac{1}{n!}$$

```
a_n.subs({n:5})     # 计算数列 a_n 的第 5 项
```

$$\frac{1}{25}$$

将方法 subs(),Python 的 for 循环和范围函数 range() 相结合,可以显示一个数列在指定范围内各项。

```
[a_n.subs({n:i}) for i in range(1, 8)]      # 显示数列 a_n 的第 1 项到第 7 项
```

$$\left[1, \frac{1}{4}, \frac{1}{9}, \frac{1}{16}, \frac{1}{25}, \frac{1}{36}, \frac{1}{49}\right]$$

```
[b_n.subs({n:i}) for i in range(0, 8, 2)]
# 显示数列 b_n 的第 0 项到第 7 项中的偶数项
```

$$\left[1, \frac{1}{2}, \frac{1}{24}, \frac{1}{720}\right]$$

再多算几项,就可以观察到阶乘函数 $n! = 1 \cdot 2 \cdot 3 \cdots (n-1) \cdot n$ 的增长非常快。

$$7! = 5040, \ldots, 10! = 3628800, \ldots$$

事实上,$20! > 10^{18}$!

如果当 $n \to \infty$ 时,数列 a_n 的第 n 项与一个常数 a 之差的绝对值为无穷小量,则称 a 为 a_n 的极限,并记为

$$\lim_{n \to \infty} a_n = a.$$

SymPy 中的函数 limit() 可以用于求数列的极限,除了需要将可以堆叠的数学符号拉成完全由常规字符构成的线性符号外,这个函数的用法与数学中的用法几乎完全一致。

例如,下列代码可以求数列 (a_n) 的极限。

```
limit (a_n,    # 已经定义好的数列
       n,      # 数列通项标号
       oo      # 趋向无穷大
      )
```

0

数学中很多重要的常量开始都是通过数列的极限(或者级数)定义的。如自然对数的底(欧拉常数)e 就可以通过如下的数列极限定义:

$$e = \lim_{n \to \infty} \left(1 + \frac{1}{n}\right)^n.$$

当然,常数 e 有很多种不同的定义方法,通过数列 $\left\{\left(1 + \frac{1}{n}\right)^n\right\}_{n \geq 1}$ 的极限定义只是其中最简单的一种。

```
limit((1 + 1 / n) ** n, n, oo)
```

e

从数列极限的观点看,另一个很有意思的数学常数就是圆周率 π,它定义为圆的面积与半径平方

的比。圆周率的定义似乎与极限没什么关系,但要实际给出圆周率的精确表达形式则几乎不可能回避极限,因此要计算圆的面积必须使用极限。

例如,前文曾通过求单位圆面积的方式求 π 的近似值。很多早期计算圆周率的算法,包括前文曾用过的"割圆法",都是基于这个思想。

将单位圆的外接正 n 边形分解成 n 个全等三角形切片,通过下列代码片段,可以得到每个全等三角形的面积 s_n。

```
s_n = tan(2 * pi / (2 * n))
s_n
```

$$\tan\left(\frac{\pi}{n}\right)$$

将上述结果乘以 n 后就得到单位圆外接正 n 边形的面积 S_n。

```
S_n = n * s_n
S_n
```

$$n\tan\left(\frac{\pi}{n}\right)$$

最后,令 $n \rightarrow \infty$,就得到数列 S_n 的极限,即单位圆的面积,圆周率的值。

```
limit(S_n, n, oo)
```

π

2. 级数

给定一个数列 (a_n),求该数列所有项的"无穷和"(也称为**无穷级数**,简称为级数) $\sum_{n=1}^{\infty} a_n$ 的准确含义。严格定义如下,先做出由 (a_n) 的**部分和**所构成的数列

$$s_1 = a_1,\ s_2 = a_1 + a_2,\ ...,\ s_n = a_1 + a_2 + ... + a_n = \sum_{k=1}^{n} a_k,\ ...$$

如果数列 (s_n) 的极限存在且等于 s,则称级数 $\sum_{n=1}^{\infty} a_n$ **收敛**于 s,s 称为级数的**和**,并记为

$$s = \sum_{n=1}^{\infty} a_n = \lim_{n \to \infty} \left(\sum_{k=1}^{n} a_k \right).$$

在 SymPy 中,用于求级数和的函数名为 summation()(英文是"求和"的意思),求 s 时,将求和项通项和求和的范围作为参数传递给这个函数即可。

例如,常数 e 还有一种无穷级数的表示形式

$$e = \sum_{n=0}^{\infty} \frac{1}{n!}.$$

使用 summation() 对 e 的无穷级表示形式进行验证,代码如下:

```
n = Symbol('n', Integer = True)
summation(1 / factorial(n), (n, 0, oo))
```

e

虽然函数 summation() 可以计算无穷和,但是大多数场合下能得到无穷和的一个较好的近似值也就够用了。此时,可以通过求前面若干项的"部分和"(即有限和)来计算近似值。

例如,已经给出了 e 的级数表达式,通过代码片段可以得到 e 的精确值。如果只想求一个可以接受的近似值,也是可以的,如下列代码片段所示。

```
summation(1 / factorial(n), (n, 0, 20))
```

$$\frac{6613313319248080001}{2432902008176640000}$$

```
_.n()      # 计算出浮点数
```

2.71828182845905

无穷和的另一个著名例子是**欧拉级数**,第二章计算圆周率的例子中曾经用过这个级数:

$$\sum_{n=1}^{\infty} \frac{1}{n^2} = \frac{\pi^2}{6}.$$

```
# 欧拉级数
n = Symbol('n', Integer = True)
summation(1 / n ** 2, (n, 1, oo))
```

$$\frac{\pi^2}{6}$$

欧拉级数是一种特殊类型无穷级数(称为**伯努利级数**)的特例,属于这类无穷和的包括以下两例:

```
summation((-1) ** n / n ** 2, (n, 1, oo))
```

$$-\frac{\pi^2}{12}$$

```
summation(1 / n ** 4, (n, 1, oo))
```

$$\frac{\pi^4}{90}$$

6.4.2 函数极限

数列只是定义在正整数集合上的函数,因此只须将数列极限概念稍加推广就可适用于一般函数,函数的极限可以描述该函数在特定点附近的行为。此处不作严格定义,读者可以参考数学课本进行了解。

如果函数 $y = f(x)$ 在一点 $x = x_0$ 处存在极限 a,则记

$$a = \lim_{x \to x0} f(x).$$

此外,还可以进一步定义函数 $y = f(x)$ 在一点 $x = x_0$ 处的**左极限**:

$$\lim_{x \to x0-} f(x) = a,$$

和**右极限**:

$$\lim_{x \to x0+} f(x) = a.$$

其中 $x \to x_{0-}$ 的含义是 x 从小于 x_0 的一侧无限接近 x_0,而 $x \to x_{0+}$ 表示 x 从大于 x_0 的一侧无限接近 x_0。左极限和右极限统称为**单侧极限**。

极限与单侧极限的关系如下:

$$a = \lim_{x \to x0} f(x) \Leftrightarrow \lim_{x \to x0-} f(x) = a, \ \lim_{x \to x0+} f(x) = a.$$

但是有可能出现这种情况,函数在某个点处的单侧极限都存在,但两者不相等,此时 $\lim_{x \to x0} f(x)$ 不存在。

极限 $\lim_{x \to \infty} f(x)$、$\lim_{x \to -\infty} f(x)$ 及 $\lim_{x \to +\infty} f(x)$ 的情况与数列极限类似。

SymPy 的求极限函数 limit() 也适用于一般实函数(甚至是复值函数),用法也与数列极限的情况基本一致。求单侧极限时,需要提供一个参数 dir="+"或者 dir="-",以指定是求左极限还是右极限。

例如,下列代码片段求 $x \to \infty$ 时,函数 $f(x) = \frac{1}{2}$ 的极限。

```
x = Symbol('x')
limit(1 / x, x, oo)
```

0

在 $x_0 = 0$ 点处,函数 $f(x) = \frac{1}{x}$ 没有定义,但仍可以通过单侧极限来观察函数在 0 点附近的动态行为。

```
x = Symbol('x')
limit(1 / x, x, 0, dir = "+ ")        # 函数在 0 点处的"右极限"
```

∞

```
limit(1 / x, x, 0, dir = "- ")        # 函数在 0 点处的"左极限"
```

– ∞

以下代码片段给出了求其他一些函数极限的示例。

```
limit(sin(x) / x, x, 0)       # 一个著名的极限
```

1

```
limit(sin(x) ** 2 / x, x, 0)
```

0

```
limit(exp(x) / x ** 100, x, oo)       # 当 x 增大时,e^x 和 x^100 哪个增长得更快?
```

∞

```
limit((tan(sin(x)) - sin(tan(x))) / (x ** 7, x, 0)
```

$\dfrac{1}{30}$

```
limit((tan(sin(x)) - sin(tan(x))) / (x ** 7 + exp(-1 / x)), x, 0, '+ ')
# "dir = "可以省略
```

$\dfrac{1}{30}$

```
limit((tan(sin(x)) - sin(tan(x))) / (x ** 7 + exp(-1 / x)), x, 0, '- ')
```

0

6.4.3 导数与微分

函数 $y = f(x)$ 在某点 x_0 处的**导数** $f'(x_0)$ 定义为极限(如果存在):

$$f'(x_0) = \lim_{x \to x_0} \frac{f(x) - f(x_0)}{x - x_0}.$$

在有些场合下，导数也记作 $\dfrac{df}{dx}(x)$ 或者 $\dfrac{df(x)}{dx}$。

类似可以定义**高阶导数**，如二阶导数是一阶导数的导数，三阶导数是二阶导数的导数，等等。

对于多元函数而言，关于某个特定变量的导数称为**偏导数**。例如，$z=f(x,y)$ 是一个二元函数，则 f 关于 x 偏导数 $\dfrac{\partial z}{\partial x}$ 就是暂时将变量 y 视为常量时求得的单变量导数。关于 y 的偏导数 $\dfrac{\partial z}{\partial y}$ 的情况也是类似的。多元函数的高阶导数分为**高阶偏导数**（关于同一个变量的导数）和**混合偏导数**（关于不同变量的导数）。

由所有偏导数所构成的向量称为 f 的**梯度**：

$$\operatorname{grad}(f)=\left(\frac{\partial f}{\partial x},\ \frac{\partial f}{\partial y}\right).$$

1. 使用函数 diff() 求导数

SymPy 中用于求导数（以及微分）的函数为 diff()，这个函数既适用于一元函数，也可用于多元函数（即计算偏导数）。

> **注意**
>
> 导数和微分在概念上是不同的，但在 SymPy 计算中没有区别。

假定函数已经有定义（无论是一元函数还是多元函数），命令 diff(f, x) 表示求函数 f 关于变量 x 的导数。

```
x = Symbol('x')
diff(x ** 3, x)
```

$3x^2$

```
x, y, z = symbols('x y z')
f = x ** 3 - 2 * x * y + 5 * y ** 3    # 定义一个三元函数表达式
grad = (diff(f, x),                    # 求 f 关于 x 的偏导数
        diff(f, y),                    # 求 f 关于 y 的偏导数
        diff(f, z)                     # 求 f 关于 z 的偏导数
       )
grad
```

$(3x^2-2y,\ -2x+15y^2,\ 0)$

求导有一些常用的规则，如和、差、积、商的求导法则和复合函数求导的**链式法则**。

$$(af(x)+bg(x))'=af'(x)+bg'(x),$$

$$(f(x)g(x))' = f'(x)g(x) + f(x)g'(x),$$

$$\left(\frac{f(x)}{g(x)}\right)' = \frac{f'(x)g(x) - f(x)g'(x)}{g(x)^2},$$

$$f(g(x))' = f'(g(x))g'(x).$$

函数 diff() 会根据需要自动使用这些法则(以及其他规则)化简表达式,如下列代码所示:

```
x = Symbol('x')
diff(x ** 2 * sin(x), x)
```

$x^2 \cos(x) + 2x \sin(x)$

```
diff(sin(x ** 2), x)
```

$2x \cos(x^2)$

```
diff(x ** 2 / sin(x), x)
```

$-\dfrac{x^2 \cos(x)}{\sin^2(x)} + \dfrac{2x}{\sin(x)}$

函数 diff() 还可以直接计算高阶导数,如要计算函数 f 的二阶导数,使用命令 diff(f, x, 2)。

```
diff(_, x, 2)        # 继续求前一个输出函数的二阶导数
```

$$-\frac{\dfrac{5x^2 \cos(x)}{\sin(x)} - \dfrac{6x^2 \cos^3(x)}{\sin^3(x)} + 6x + \dfrac{12x \cos^2(x)}{\sin^2(x)} - \dfrac{6\cos(x)}{\sin(x)}}{\sin(x)}$$

当然,高阶导数也可以通过逐次求一阶导数得到。

```
f = x ** 2 / sin(x)              # 定义一个函数
diff(diff(f, x), x)              # 逐次求二阶导数
```

$\dfrac{x^2}{\sin(x)} + \dfrac{2x^2 \cos^2(x)}{\sin^3(x)} - \dfrac{4x \cos(x)}{\sin^2(x)} + \dfrac{2}{\sin(x)}$

化简后应该和前面的表达式一样。

```
simplify(_)
```

$$\frac{-x^2 + \dfrac{2x^2}{\sin^2(x)} - \dfrac{4x}{\tan(x)} + 2}{\sin(x)}$$

2. 偏导数

求导函数 diff() 也可以处理多元函数,返回对应函数的偏导数。

```
x, y = symbols('x y')

f = sin(x ** 2 + y ** 3)          # 定义一个二元函数

grad = (diff(f, x),               # f 关于 x 的偏导数
         diff(f, y)               # f 关于 y 的偏导数
      )
grad                              # 显示 f 的梯度
```

$(2x\cos(x^2+y^3),\ 3y^2\cos(x^2+y^3))$

函数 diff() 也可以用来求混合偏导数,只须将变量和阶数作为参数传递。

```
f = sin(x ** 2 + y ** 3)

diff(f, x, 2, y)        # f 关于 x 的二阶、关于 y 的一阶混合偏导数
```

$-6y^2(2x^2\cos(x^2+y^3)+\sin(x^2+y^3))$

3. 函数符号

函数 diff() 甚至可以对含有不确定函数的表达式进行求导。**不确定函数**(或称**函数符号**)是指尚未明确给出定义或表达式的函数,这种函数在数学实践中很常见。

在 SymPy 中,函数符号也是一种符号,因此其定义与定义符号非常类似。

例如,下列代码定义一个函数符号。

```
f = Function('f')     # 定义一个函数符号
```

下列代码使用不确定函数 f 定义另一个函数 $g(x)=xf(x^2)$,然后对其求导(可以使用复合函数的求导法则验证结果)。

```
g = x * f(x ** 2)
h = diff(g, x)
h
```

$$2x^2\left.\frac{d}{d\xi_1}f(\xi_1)\right|_{\xi_1=x^2}+f(x^2)$$

4. 求导函数 Derivative()

使用函数 diff() 求导数时,隐含着求关于某点处的导数,即已经"赋值"的导数。与此相对应,SymPy 还提供了另一种求导函数 Derivative(),这个函数作用到一个函数上,将返回未赋值的导数,即不具体指定求哪个点处的导数。

Derivative() 返回一种"形式导数",如果需要明确给出求导数的结果（导函数的值），可使用方法 doit()。

从下例中可以很容易看出这两个求导数函数的区别。

```
f = Derivative(sin(x), x)      # 未赋值的导数
f
```

$$\frac{d}{dx}\sin(x)$$

```
f.doit()            # 将导数赋值
```

$$\cos(x)$$

```
Eq(f, f.doit())
```

$$\frac{d}{dx}\sin(x) = \cos(x)$$

5. 指数函数 e^x

在微积分乃至整个数学中，指数函数 e^x（也记为 $\exp(x)$）有非常特殊的地位，其中一个原因就是它与自身的导数相等。

```
x = Symbol('x')
diff(exp(x), x)
```

$$e^x$$

```
diff(E ** x, x)
```

$$e^x$$

除了指数函数 $f(x) = e^x$ 外，是否还有其他函数与自身导数相等？ 即满足下例**微分方程**

$$\frac{df(x)}{dx} = f(x)$$

使用 SymPy 中用于求解微分方程的函数 dsolve() 可以很容易找到答案。

```
from sympy import *
x = symbols('x')
f = Function('f')                    # 定义函数符号 f

dsolve(f(x) - diff(f(x), x), f(x))    # 求微分方程的解
```

$$f(x) = C_1 e^x$$

这个结果表明,只有形如 Ce^x(其中 C 为任意常数)的函数,其导数与自身相等。

6.4.4 曲线的切线

从导数的几何意义可以知道,函数在某点的导数为函数图形过该点切线的斜率。函数 $f(x)$ 在点 $x = x_0$ 处的**切线**可由下列方程得到

$$T_1(x) = f(x_0) + f'(x_0)(x - x_0).$$

使用符号 $T_1(x)$ 表示切线的纵坐标值(函数值),下标"1"表示切线 $T_1(x)$ 是函数 $f(x)$ 在点 $x = x_0$ 附近的一阶(线性)逼近。

例如,求函数 $f(x) = \dfrac{1}{2}x^2$ 在 $x_0 = 1$ 处的切线。

```
f = S('1/2') * x ** 2
f
```

$\dfrac{x^2}{2}$

上述代码使用了 SymPy 中的函数 $S()$,其含义是将括号内的字符串用最简形式表示。于是上述代码中定义的函数显示为 $\dfrac{x^2}{2}$,而不是 $0.5x^2$。

```
df = diff(f, x)      # f 的导函数
df
```

x

```
T_1 = f.subs({x:1}) + df.subs({x:1}) * (x - 1)      # 将 x= 1 代入切线方程
T_1
```

$x - \dfrac{1}{2}$

```
pic = plot (f,                # 显示函数的图形
            T_1,              # f 在 x=1 处的切线图形
            (x, -1, 2),       # 指定 x- 轴的范围
            legend = True,    # 指示是否显示图例
            inline = True     # 指示是否为行间显示
            )
pic[0].line_color = 'b'       # f 的图形用蓝色
```

```
pic[1].line_color = 'r'          # f 在 x=1 处切线的图形用红色


pic.show()                       # 显示图形
```

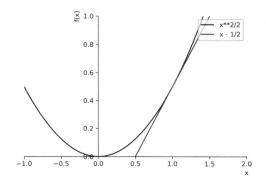

如前所述,切线 $T_1(x)$ 与函数 $f(x)$ 在 $x=1$ 处有相同的值以及斜率(一阶逼近)。下列代码片段可以进一步验证这一点。

```
T_1.subs({x:1}) == f.subs({x:1})              # 在 x=1 处值相同
```

True

```
diff(T_1, x).subs({x:1}) == diff(f, x).subs({x:1})   # 在 x=1 处斜率(导数)也相同
```

True

6.4.5　优化问题

一般情况下,**优化问题**是指在一定条件下(称为**约束条件**),求出函数能取到最优值的那些点(或位置)。在大多数场合,最优值通常就是函数的最大值或最小值。

从微积分中,我们已经知道求一元函数 $f(x)$ 的最大值和最小值的方法,因为导数 $f'(x)$($f(x)$ 的切线斜率)编码了函数 $f(x)$ 斜率的信息:正的斜率 $f'(x_0) > 0$ 意味着 $f(x)$ 的图像在该点($x = x_0$)附近呈递增状,还没有到达最大值(极大值)点;而负的斜率意味着 $f(x)$ 的图像呈递减状,函数在该点附近没有到达最小值(极小值)点。切线斜率为零 $f'(x_0) = 0$ 意味着函数图像在该点附近到达一个拐点,因此有可能是某种最佳值,点 x_0 被称为函数 $f(x)$ 的一个**临界点**。

函数的临界点不一定就是取到最大值或最小值的点,还有可能是取到局部最大值(也称为**极大值**)或局部最小值(也称为**极小值**)的点,甚至根本就不是极值点(这样的点称为**鞍点**)。

例如下页图 6-5 中显示的函数,在其定义的区间中有四个临界点:一个最大值点、一个最小值点和两个极值点。

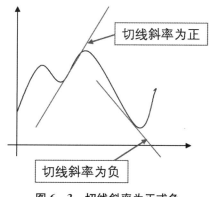

图 6-3　切线斜率为正或负

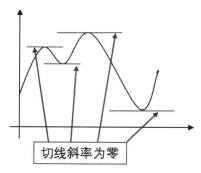

图 6-4　切线斜率为零

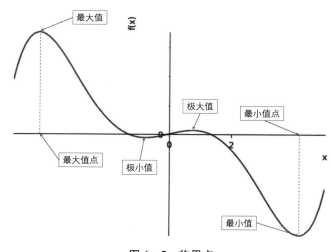

图 6-5　临界点

　　因此,函数的临界点只是函数能取到最大值或最小值的候选点,此外,这样的候选点还包括函数定义区间的两个端点。

　　要判断一个临界点是否为真正的最大值点或最小值点,可能还需要考察二阶导数,因为 $f''(x)$ 编码了关于 $f(x)$ 图像的曲率(即弯曲状态)的信息:

- 正曲率($f''(x_0) > 0$)意味着函数图像在 x_0 点附近向上弯曲(上凹状),因此可能对应着最小值;
- 负曲率($f''(x_0) < 0$)则意味着函数图像在 x_0 点附近向下弯曲(下凹状),因此可能对应着最大值。

　　在下例中,先求出函数 $f(x) = x^3 - 2x^2 + x$ 的所有临界点,然后使用函数二阶导数在临界点处的信息求出函数在区间 $[0,1]$ 中的最大值和最小值。

```
x = Symbol('x')
f = x ** 3 - 2 * x ** 2 + x
diff(f, x)
```

$3x^2 - 4x + 1$

```
# 求出 f(x) 的临界点
sols= solve(diff(f, x), x)
sols
```

$$\left[\frac{1}{3}, 1\right]$$

```
diff(diff(f, x), x).subs({x:sols[0]})          # 第一个临界点处二阶导数的值
```

-2

```
diff(diff(f, x), x).subs({x:sols[1]})          # 第二个临界点处二阶导数的值
```

2

　　因为函数在区间[0，1]上只有两个临界点，通过考察临界点处二阶导数的正负，可以知道函数 $f(x)$ 在区间[0，1]中的点 $x = \frac{1}{3}$ 处取到最大值，而且最大值为 $f\left(\frac{1}{3}\right) = \frac{4}{27}$；类似地，可以知道函数 $f(x)$ 在 $x = 0$ 和 $x = 1$ 处取到最小值，且最小值为 $f(1) = f(0) = 0$。

```
plot(f, (x, 0, 1))
```

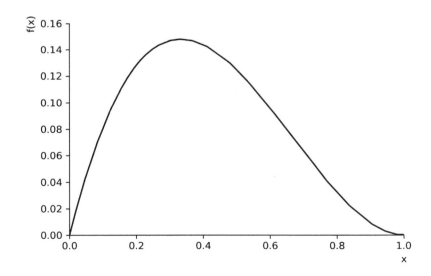

6.4.6　积分

1. 不定积分

　　从某种意义上讲，求不定积分的操作是求导数操作的反面。如果函数 $F(x)$ 是函数 $f(x)$ 的**不定积分**或**原函数**，那么它具有如下性质

$$F'(x) = f(x).$$

此时，$F(x)$ 也记为

$$F(x) = \int f(x)d(x).$$

在 SymPy 中，用于求不定积分的函数是 integrate()，其用法与求和函数 summation() 非常相似。只须将一个预先定义好的函数和一个变量作为参数提供给 integrate() 即可。

> **注意**
>
> 　　严格地讲，一个函数的不定积分（原函数）是一族函数，这些函数之间彼此仅相差一个常数。SymPy 的积分函数 integrate() 只求出一个原函数，而忽略常数这个差别。

下面是使用 integrate() 求不定积分的几个简单示例。

```
x = Symbol('x')
integrate(x ** 3, x)
```

$\dfrac{x^4}{4}$

```
integrate(sin(x), x)
```

-cos(x)

```
integrate(ln(x), x)
```

$x\log(x) - x$

```
integrate(1 / (x * (x ** - 2) ** 2), x)
```

$\dfrac{\log(x)}{4} - \dfrac{\log(x^2 - 2)}{8} - \dfrac{1}{4x^2 - 8}$

```
integrate(1 / (exp(x) + 1), x)
```

$x - \log(e^x + 1)$

```
integrate(log(x), x)
```

$x\log(x) - x$

```
integrate(x * sin(x), x)
```

$-x\cos(x)+\sin(x)$

```
integrate(x * exp(-x ** 2), x)
```

$-\dfrac{e^{-x^2}}{2}$

如果 `integrate()` 算不出某个函数的原函数,将返回未赋值状态的不定积分。

```
integrate(x ** x, x)
```

$\displaystyle\int x^x\,dx$

与求导数情况类似,SymPy 也提供了一个求未赋值不定积分的函数 `Integral()`。求出未赋值的不定积分后,如果还想得到积分的结果,使用 `doit()` 方法即可。

```
F = Integral(x * sin(x), x)
F
```

$\displaystyle\int x\sin(x)\,dx$

```
F.doit()
```

$-x\cos(x)+\sin(x)$

```
Eq(F, F.doit())
```

$\displaystyle\int x\sin(x)\,dx=-x\cos(x)+\sin(x)$

> **注意**:严格意义上,上述公式应为
>
> $$\int x\sin(x)dx=-x\cos(x)+\sin(x)+C,$$
>
> 其中 C 为任意常数。SymPy 忽略不定积分中出现的常数。

2. 定积分

这里不讨论定积分的严格数学定义,而讨论其几何意义:一个连续函数 $f(x)$ 在区间 $[a,b]$ 上的**定积分**是由函数 $f(x)$、直线 $x=a$、$x=b$ 以及 x 轴所包围的图形面积。

在定积分中

$$A(a,b)=\int_a^b f(x)dx.$$

a 和 b 分别称为积分的上、下限。

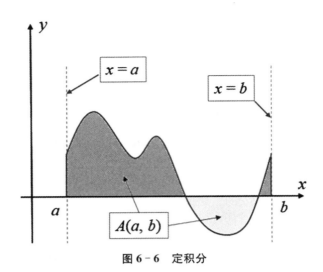

图 6-6　定积分

　　找出定积分对应的**有向面积**。例如在上图中，x 轴上部阴影的部分为正值（正面积），x 轴下部阴影部分为负值（负面积）。

　　SymPy 用于求不定积分的函数 `integrate()` 也可以用于计算定积分。使用时，只须多传递一组参数，指示定积分的上、下限即可。以下是一组计算定积分的示例。

```
integrate(x ** 3, (x, 0, 1))
```

$\dfrac{1}{4}$

```
integrate(sin(x), (x, 0, pi))
```

2

```
integrate(sin(x), (x, pi, 2 * pi))
```

-2

```
integrate(sin(x), (x, 0, 2 * pi))
```

0

```
integrate(exp(-x ** 2), (x, 0, oo))
```

$\dfrac{\sqrt{\pi}}{2}$

```
integrate(log(x) / (1 - x), (x, 0, 1))
```

$-\dfrac{\pi^2}{6}$

定积分与不定积分存在如下关系：若 $F(x)$ 是 $f(x)$ 的不定积分，则 $F'(x)=f(x)$。 这是著名的微积分基本定理的一种表现形式。牛顿-莱布尼兹公式也可以用于计算定积分的值，如下列代码所示：

```
F = integrate(x ** 3, x)          # 先求函数的不定积分
F.subs({x:1}) - F.subs({x:0})     # 不定积分在上限处的值减去在下限处的值
```

$\dfrac{1}{4}$

3. 微积分基本定理

微积分基本定理有多种呈现方式，总体都表达了积分和导数互为"逆运算"的含义。这至少有如下两层意思：

（1）如果对一个函数先求不定积分再求导，就会得到原来的函数，即

$$\left(\int f(t)dt \right)' = f(x).$$

（2）如果对一个函数先求导再求不定积分，仍然会得到原来的函数（相差一个任意常数），即

$$\int f'(t)dt = f(x) + C.$$

若用 $F(x) = \int f(t)dt$ 记 $f(x)$ 的原函数，则微积分基本定理还可以写成如下形式

$$\int_a^b f(x)dx = F(b) - F(a).$$

即**牛顿-莱布尼兹公式**。牛顿-莱布尼兹公式也可以用于计算定积分。

6.4.7 函数项级数

如果 $\{f_n(x)\}_{n \geqslant 1}$ 是一个函数的序列（定义在相同的区间上），则**函数项级数**（简称**函数级数**）就是如下形式的无穷级数

$$f(x) = \sum_{n=0}^{\infty} f_n(x).$$

SymPy 的求和函数 summation() 也适用于函数级数。

例如，指数函数 e^x 可以由下列函数级数得到

$$e^x = \sum_{n=0}^{\infty} \frac{x^n}{n!}.$$

这个公式甚至对于任意复数 x 都成立。

下列代码使用 SymPy 式验证了上述级数。

```
from sympy import *

x = Symbol('x')
n = Symbol('n', Integer = True)

a = summation(x ** n / factorial(n), (n, 0, oo))
a
```

e^x

与导数和积分的情形类似，SymPy 也有一个产生未赋值级数和的函数 Sum()，与赋值方法 doit() 一样，代码如下所示：

```
a = Sum(x ** n / factorial(n), (n, 0, oo))
Eq(a, a.doit())
```

$$\sum_{n=0}^{\infty} \frac{x^n}{n!} = e^x$$

1. 泰勒级数

在一定条件下，一个函数 $f(x)$ 可以在点 x_0 附近展开为如下形式的**幂级数**（因为由幂函数构成通项而得名）

$$f(x) = \sum_{n=0}^{\infty} a_n (x - x_0)^n.$$

在上述级数中，每个幂次前的系数 a_n 可由函数 $f(x)$ 的导数确定。即

$$a_n = \frac{f^{(n)}(x_0)}{n!}(x - x_0)^n, \ n \geqslant 1.$$

其中 $f^{(n)}(x_0)$ 表示 $f(x)$ 的 n 阶导数在 $x = x_0$ 处的值。

如此，无穷级数展开称为 $f(x)$ 的**泰勒级数**。

与幂级数展开有关的另一个概念是**麦克劳林级数**，它专指函数在 $x = 0$ 处的泰勒级数。

SymPy 中的函数 series() 可用于得到任意函数 $f(x)$（当然是指可以展开为幂级数的那些函数）的幂级数（包括泰勒级数）。

函数 series() 有两种不同的使用方法：

- 作为方法调用方法：series(var, at, n_max)。
- 作为函数调用方法：series(expr, var, at, n_max)。

其中各个参数的含义如下（无论用哪种方法）：

- expr：待展开的函数表达式。
- var：展开幂级数的变量名称（一般为 x）。
- at：级数展开的中心，即前面幂级数定义中的点 x_0。参数 at 的默认值为 0（可以省略不写），此时即展开为麦克劳林级数。
- n_max：展开的最高幂次为 n_max-1。

下面是幂级数展开的一些基本示例。

```
from sympy import *
x = Symbol('x')


exp(x).series(x, 0, 8)    # 指数函数的麦克劳林级数,幂函数幂次从 0 到 7
```

$$1 + x + \frac{x^2}{2} + \frac{x^3}{6} + \frac{x^4}{24} + \frac{x^5}{120} + \frac{x^6}{720} + \frac{x^7}{5040} + O(x^8)$$

上式中的 $O(x^8)$（此处对应于调用中的参数 8）为大 O 记号，意思是比 x^8 更高阶的项，即比 x^8 幂次更高的所有其他项。

```
series(sin(x), x, 0, 8)    # 正弦函数的麦克劳林级数,幂函数幂次从 0 到 7
```

$$x - \frac{x^3}{6} + \frac{x^5}{120} - \frac{x^7}{5040} + O(x^8)$$

级数也可以做算术运算。下面一组代码演示了常用三角函数的幂级数展开和运算。

```
# 余弦函数麦克劳林级数
cosx = series(cos(x), x, n = 8)    # 另一种定义参数的方法
cosx
```

$$1 - \frac{x^2}{2} + \frac{x^4}{24} - \frac{x^6}{720} + O(x^8)$$

```
# 正弦函数展开
sinx = series(sin(x), x, n = 8)
sinx
```

$$x - \frac{x^3}{6} + \frac{x^5}{120} - \frac{x^7}{5040} + O(x^8)$$

```
# 正切函数展开
tanx = series(tan(x), x, n = 8)
tanx
```

$$x + \frac{x^3}{3} + \frac{2x^5}{15} + \frac{17x^7}{315} + O(x^8)$$

```
# 正切与余弦函数的幂级数相乘,结果应该是正弦函数的幂级数
series(tanx * cosx, n = 8)
```

$$x - \frac{x^3}{6} + \frac{x^5}{120} - \frac{x^7}{5040} + O(x^8)$$

```
# 正弦函数的幂级数除以余弦函数的幂级数,结果应该是正切函数的幂级数
series(sinx / cosx, n = 8)
```

$$x + \frac{x^3}{3} + \frac{2x^5}{15} + \frac{17x^7}{315} + O(x^8)$$

像指数函数和三角函数这样的函数,都不可能展开成仅含有限多个非零系数的幂级数(即多项式),因此在幂级数展开后,以及在此基础上所做的任何操作都会带有误差项。

例如三角恒等式

$$\sin^2 x + \cos^2 x = 1.$$

若将 $\sin(x)$ 和 $\cos(x)$ 用已经得到的幂级数 $\sin x$ 和 $\cos x$ 代替,然后平方相加,结果就会多出一个误差项,如下列代码所示:

```
series(sinx ** 2 + cosx ** 2, n = 8)
```

$1 + O(x^8)$

> **补充阅读:复函数的幂级数**
>
> 函数 series() 或方法 series() 也适用于复函数。以下例进行说明。
>
> 数学中有一个著名的公式
>
> $$e^{ix} = \cos(x) + i\sin(x).$$
>
> 在初等数学(包括初等实分析)中,这个公式仅被看作记号。而在复函数理论中,这实际上是一个真正的(而且非常重要的)等式。

使用 SymPy 进行检验。

```
x = Symbol('x')
eix = exp(I * x).series(x, 0, 10)   # 10 可以换成任意正整数
eix
```

$$1 + ix - \frac{x^2}{2} - \frac{ix^3}{6} + \frac{x^4}{24} + \frac{ix^5}{120} - \frac{x^6}{720} - \frac{ix^7}{5040} + \frac{x^8}{40320} + \frac{ix^9}{362880} + O(x^{10})$$

```
sinx = sin(x).series(x, 0, 10)
sinx
```

$$x - \frac{x^3}{6} + \frac{x^5}{120} - \frac{x^7}{5040} + \frac{x^9}{362880} + O(x^{10})$$

```
cosx = cos(x).series(x, 0, 10)
cosx
```

$$1 - \frac{x^2}{2} + \frac{x^4}{24} - \frac{x^6}{720} + \frac{x^8}{40320} + O(x^{10})$$

```
ou = eix - (cosx + I * sinx)
```

```
simplify(ou)
```

$O(x^{10})$

此外,在定义 x = Symbol('x')中符号 x 默认取复数值,因此,公式 $e^{ix} = \cos(x) + i\sin(x)$ 对任意复数 x 也成立。

2. 含负幂次及分数幂次的级数

函数 series()不仅可以将函数展开为泰勒级数(非负幂次的幂级数),还可以从负幂次开始(如果有),展开包含奇点的函数,在复函数论中称为**罗朗级数**。

```
cot(x).series(x, n = 5)      # 余切函数的含负幂次的级数展开
```

$$\frac{1}{x} - \frac{x}{3} - \frac{x^3}{45} + O(x^5)$$

series()甚至可以按分数次幂来展开函数。

```
x = Symbol('x')
sqrt(x * (1 - x)).series(x, n = 6)
```

$$\sqrt{x} - \frac{x^{\frac{3}{2}}}{2} - \frac{x^{\frac{5}{2}}}{8} - \frac{x^{\frac{7}{2}}}{16} - \frac{5x^{\frac{9}{2}}}{128} - \frac{7x^{\frac{11}{2}}}{256} + O(x^6)$$

3. 幂级数的微分和积分

将函数展开为幂级数后,可以逐项微分或积分(注意误差项的变化)。

```
diff(sinx, x)      # 正弦函数幂级数的逐项微分
```

$$1 - \frac{x^2}{2} + \frac{x^4}{24} - \frac{x^6}{720} + \frac{x^8}{40320} + O(x^9)$$

```
integrate(cosx, x)          # 余弦函数幂级数的逐项积分
```

$$x - \frac{x^3}{6} + \frac{x^5}{120} - \frac{x^7}{5040} + \frac{x^9}{362880} + O(x^{11})$$

4. 级数代换

在一定条件下,使用 subs() 方法,也可以进行对级数代换,从而产生级数的级数。

例如,下面的代码给出了级数代换 sin(tan(x)) 和 tan(sin(x))。

```
st = series(sinx.subs(x, tanx), n = 8)      # 在级数 sinx 中,用级数 tanx 代换 x
st
```

$$x + \frac{x^3}{6} - \frac{x^5}{40} - \frac{55x^7}{1008} + O(x^8)$$

```
ts = series(tanx.subs(x, sinx), n = 8)      # 在级数 tanx 中,用级数 sinx 代换 x
ts
```

$$x + \frac{x^3}{6} - \frac{x^5}{40} - \frac{107x^7}{5040} + O(x^8)$$

两个级数经代换后,其前几项是相同的。

```
series(ts - st, n = 8)
```

$$\frac{x^7}{30} + O(x^8)$$

> **注意**
>
> 将级数中的变量直接代换进一个数值是不可行的,因为无法预知高阶项(即大 O 项)在该值处的取值。如果一定要做这样的数值代换,可以先使用方法 removeO() 去除大 O 项,将级数转换成一个多项式,然后代入常数值。
>
> ```
> poly_sinx = sinx.removeO()   # 去除级数的误差项,将其转换为多项式
> poly_sinx
> ```
>
> $$\frac{x^9}{362880} - \frac{x^7}{5040} + \frac{x^5}{120} - \frac{x^3}{6} + x$$
>
> ```
> poly_sinx.subs(x, 1)      # 将 x=1 代入到多项式表达式
> ```
>
> $$\frac{305353}{362880}$$

6.5 线性代数

本节将学习使用 SymPy 做基本线性代数计算。

SymPy 擅长符号计算，而不是数值计算，因此实际应用中涉及线性代数计算时（如数据分析和人工智能中的计算）并不常用 SymPy，但 SymPy 的符号计算功能对于理解概念、学习理论、掌握算法有很大的价值。

6.5.1 线性方程组

求解线性方程组是线性代数中最基本的内容之一，特别是源于求解线性方程组的**消元法**（也称为**高斯-若当消去法**），是整个线性代数最核心的算法。

前面已经利用过函数 solve() 求解二元一次线性方程组，而求解一般线性方程组的情形也是类似的，此处不再赘述，仅提供几个具有代表性的实例。

```
# 三个变元、三个方程,有唯一解的情形
from sympy import *

x1, x2, x3 = symbols("x1:4")   # 定义三个符号,代表方程组中的未知量
solve([2 * x1 + x2 + x3 - 5,   # 将三个方程所构成的列表作为 'solve()' 的第一个参量
       4 * x1 - 6 * x2 + 2,
       -2 * x1 + 7 * x2 + 2 * x3 - 9],
      [x1, x2, x3])            # 将三个未知量所构成的列表作为 'solve()' 的第二个参量
```

$\{x_1:1, \ x_2:1, \ x_3:2\}$

函数 solve() 返回一个由方程组解构成的字典，字典的"关键字:值"元素对应于原方程组的唯一解。

```
# 三个变元、三个方程,有无穷多解的情形
solve([x1 + 4 * x2 + 2 * x3,
       2 * x1 + 5 * x2 + x3,
       3 * x1 + 6 * x2],
      [x1, x2, x3])
```

$\{x_1: 2x_3, \ x_2: - x_3\}$

求解结果表明，该线性方程组的**通解**（解的最一般形式的表示）为

$$x_1 = 2x_3, \ x_2 = -x_3.$$

其中 x_3 是**自由变量**,可以取任何值。

下列是一个更复杂的例子。

```
# 五元一次线性方程组,有无穷多个解的情形

x1, x2, x3, x4, x5 = symbols("x1:6")              # 定义五个变元
solve([3 * x2 - 6 * x3 + 6 * x4 + 4 * x5 + 5,     # 三个方程
       3 * x1 - 7 * x2 + 8 * x3 - 5 * x4 + 8 * x5 - 9,
       3 * x1 - 9 * x2 + 12 * x3 - 9 * x4 + 6 * x5 - 15],
      [x1, x2, x3, x4, x5])                        # 关于五个变元求解
```

$\{x_1: 2x_3 - 3x_4 - 24, \ x_2: 2x_3 - 2x_4 - 7, \ x_5: 4\}$

于是,该线性方程组的通解为

$$x_1 = 2x_3 - 3x_4 - 24, \ x_2 = 2x_3 - 2x_4 - 7, \ x_5 = 4.$$

其中 x_3, x_4 是自由变量。

6.5.2 矩阵

一个 $m \times n$ 的**矩阵** A 是一个有 m 行和 n 列的项排列阵列。在 Python 中,矩阵能以多种方式出现,既可以是二维 Python 列表(即以列表为元素构成的列表),也可以是二维 NumPy 数组,或者是一个 Pandas 的 DataFrame,甚至是 PyTorch 的二维张量,等等。

除此之外,为了方便理解矩阵理论和执行相关操作,SymPy 中提供了一个专门用于定义和操作任意矩阵的类 Matrix。

定义矩阵

定义矩阵的最基本方法是将一个二维列表(列表的列表)传递给 Matrix。

```
from sympy import *

# 创建一个 2×3 矩阵,作为类 Matrix 的一个实例
A = Matrix([[1, 2, 3],          # 矩阵的第一行
            [-5, 3, -1]          # 矩阵的第二行
            ])
A
```

$$\begin{bmatrix} 1 & 2 & 3 \\ -5 & 3 & -1 \end{bmatrix}$$

也可以定义带符号参数的矩阵。

```
a, b, c, d, e, f = symbols ('a b c d e f')
M = Matrix([[a, b, c],
            [c, d, e],
            [e, f, a]
            ])
M
```

$$\begin{bmatrix} a & b & c \\ c & d & e \\ e & f & a \end{bmatrix}$$

Matrix 类的另一种用法是通过一个函数来指定矩阵中每个位置元素的值。

下例使用了 SymPy 中用于产生"有理数"的函数 Rational()，该函数可以用来生成任意有理数（而不是小数）。例如，

```
Rational(112, 233)
```

将产生有理数 $\dfrac{112}{233}$。

```
# 定义一个针对位置产生值的函数
def g(i, j):
    return Rational(1, i + j + 1)


# 定义一个 3x3 矩阵，每个位置的元素由函数 g 产生
Matrix(3, 3, g)
```

$$\begin{bmatrix} 1 & \dfrac{1}{2} & \dfrac{1}{3} \\ \dfrac{1}{2} & \dfrac{1}{3} & \dfrac{1}{4} \\ \dfrac{1}{3} & \dfrac{1}{4} & \dfrac{1}{5} \end{bmatrix}$$

有趣的是，使用上述方式定义矩阵，即使是对一个未明确定义的函数（如一个函数符号），仍能正确地产生矩阵。

```
h = Function('h')      # 定义一个函数符号
N = Matrix(3, 3, h)    # 产生一个 3×3 矩阵


N
```

$$\begin{bmatrix} h(0,\ 0) & h(0,\ 1) & h(0,\ 2) \\ h(1,\ 0) & h(1,\ 1) & h(1,\ 2) \\ h(2,\ 0) & h(2,\ 1) & h(2,\ 2) \end{bmatrix}$$

SymPy 还提供了一些特殊函数,可以快速创建常用的特殊矩阵。其中包括:

- eye():用于创建任意阶的单位方阵(主对角线元素为 1、其余位置元素为 0)。因为是创建方块矩阵,所以只须传递一个参数用于指示矩阵的阶数。
- zeros():用于创建任意阶零矩阵,即所有元素均为零的矩阵。须传递两个参数,指示要创建矩阵的行数和列数。
- ones():用于创建任意阶、所有元素均为 1 的矩阵。须传递两个参数,指示要创建矩阵的行数和列数。
- diag():创建任意阶的对角线矩阵,即只有主对角线上有非零元素的矩阵。须传递的参数是主对角线上的元素,参数本身既可以是数,也可以是其他矩阵。

下面是几个简单示例:

```
eye(3)    # 快速创建一个 3×3 单位矩阵
```

$$\begin{bmatrix} 1 & 0 & 0 \\ 0 & 1 & 0 \\ 0 & 0 & 1 \end{bmatrix}$$

```
zeros(4, 3)    # 快速创建一个 4×3 零矩阵
```

$$\begin{bmatrix} 0 & 0 & 0 \\ 0 & 0 & 0 \\ 0 & 0 & 0 \\ 0 & 0 & 0 \end{bmatrix}$$

```
ones(3, 4)    # 快速创建一个 3×4 值全为 1 的矩阵
```

$$\begin{bmatrix} 1 & 1 & 1 & 1 \\ 1 & 1 & 1 & 1 \\ 1 & 1 & 1 & 1 \end{bmatrix}$$

```
diag(1, 2, 3)    # 创建一个主对角线上元素为 1,2,3 的对角矩阵
```

$$\begin{bmatrix} 1 & 0 & 0 \\ 0 & 2 & 0 \\ 0 & 0 & 3 \end{bmatrix}$$

```
a = Symbol('a')


# 定义一个 2×2 矩阵
M = Matrix([[a, 1], [0, a]])


# 创建一个矩阵,其对角线位置上包含 M 作为子矩阵
N = diag(1, M, 2)
N
```

$$\begin{bmatrix} 1 & 0 & 0 & 0 \\ 0 & a & 1 & 0 \\ 0 & 0 & a & 0 \\ 0 & 0 & 0 & 2 \end{bmatrix}$$

此外,NumPy 中的函数 full() 可产生用某个数值填充的任意阶数组。这个函数也可用于快速创建矩阵,如下列代码所示:

```
from numpy import full


# 创建形状为 4×3 的、用数值 3 填满的二维数组(矩阵)
print (full((4, 3), 3))
```

```
[[3 3 3]
 [3 3 3]
 [3 3 3]
 [3 3 3]]
```

6.5.3 矩阵操作与运算

类 Matrix 的每个实例都是一个 Matrix 矩阵对象,这是 SymPy 特有的一种数据对象。它有各种方法(及属性)适用于矩阵对象,包括求逆矩阵、求特征值和特征向量等。

例如,下列代码(作用属性)可以显示矩阵的形状。

```
N.shape          # 显示 M 的形状,即行数及列数
```

```
(4, 4)
```

给定一个矩阵,要访问矩阵中某个位置上的具体元素,或者某些行和列(例如子矩阵),其方式与二维数组的索引或切片方法相似。特别地,SymPy 中矩阵的行和列索引也都从 0 开始。

```
# 定义一个矩阵
A = Matrix([[ 2, -3, -8,  7],
            [-2, -1,  2, -7],
            [ 1,  0, -3,  6]
            ])
A
```

$$\begin{bmatrix} 2 & -3 & -8 & 7 \\ -2 & -1 & 2 & -7 \\ 1 & 0 & -3 & 6 \end{bmatrix}$$

```
A[0, 1]    # 访问 A 的第 0 行、第 1 列处的元素
```

-3

```
A[0:2, 0:3]    # 检索 A 的最左上角的 2×3 子矩阵
```

$$\begin{bmatrix} 2 & -3 & -8 \\ -2 & -1 & 2 \end{bmatrix}$$

1. 矩阵的代数运算

矩阵的代数运算与数的运算复用标准算符,如矩阵加法(算符为+)、矩阵减法(算符为-)、标量乘法(一个数与矩阵相乘,算符为 ＊)、矩阵乘法(算符为 ＊)、矩阵指数(算符为 ＊＊)等,只要参与运算的矩阵行、列数相匹配。

```
A = Matrix([[ 2, -3, -8,  7],
            [-2, -1,  2, -7],
            [ 1,  0, -3,  6]])
A
```

$$\begin{bmatrix} 2 & -3 & -8 & 7 \\ -2 & -1 & 2 & -7 \\ 1 & 0 & -3 & 6 \end{bmatrix}$$

```
B = Matrix([[-2, -1,  0,  3],
            [-2, -1, -5,  4],
            [ 1, -7,  3, -8]
            ])
B
```

$$\begin{bmatrix} -2 & -1 & 0 & 3 \\ -2 & -1 & -5 & 4 \\ 1 & -7 & 3 & -8 \end{bmatrix}$$

```
(-3) * A + 5 * B
```

$$\begin{bmatrix} -16 & 4 & 24 & -6 \\ -4 & -2 & -31 & 41 \\ 2 & -35 & 24 & -58 \end{bmatrix}$$

```
A * B     #产生错误信息
```

······

```
ShapeError: Matrix size mismatch: (3, 4) * (3, 4).
```

运行上述代码会产生如下"形状错误"信息。

```
ShapeError: Matrix size mismatch: (3, 4) * (3, 4).
```

它表示两个相乘的矩阵尺寸不匹配。两个矩阵相乘,第一个矩阵的列数和第二个矩阵的行数必须相等。把矩阵 B 转置(即将矩阵的行与列互换)后,它们就可以相乘了。

2. 矩阵的转置

设 $A = (a_{ij})$ 是一个矩阵。A 的**转置**是矩阵 $A = (a_{ji})$。 对于 SymPy 的矩阵对象,可以使用方法 `transpose()`(或者其简写形式 `T()`)产生原矩阵的转置。例如,在下列代码中,将 3×4 矩阵 A 进行转置,产生一个 4×3 的矩阵。

```
A = Matrix([[ 2, -3, -8,  7],
            [-2, -1,  2, -7],
            [ 1,  0, -3,  6]])
A.shape
```

```
(3, 4)
```

```
C = A.transpose()     # 等同于A.T
C.shape               # 显示矩阵 C 的形状
```

```
(4, 3)
```

现在矩阵 $C = A^T$ 和 B 行、列数匹配,就可以相乘了。

```
C * B     # 等于(A.T) * B
```

$$\begin{bmatrix} 1 & -7 & 13 & -10 \\ 8 & 4 & 5 & -13 \\ 9 & 27 & -19 & 8 \\ 6 & -42 & 53 & -55 \end{bmatrix}$$

3. 乘法结合律

矩阵的乘法不满足**交换律**,即使 AB 和 AB 都能相乘,但一般情况下 $AB \neq BA$。另一方面,矩阵乘法满足**结合律**,即

$$(AB)C = A(BC).$$

可以通过下列代码计算检验三个低阶矩阵连续相乘的情况。

```python
a1, a2, a3, a4, a5, a6 = symbols('a1:7')

A = Matrix([[a1, a2, a3],
            [a4, a5, a6]])
A
```

$$\begin{bmatrix} a_1 & a_2 & a_3 \\ a_4 & a_5 & a_6 \end{bmatrix}$$

```python
b1, b2, b3, b4, b5, b6, b7, b8, b9 = symbols('b1:10')

B = Matrix([[b1, b2, b3],
            [b4, b5, b6],
            [b7, b8, b9]])
B
```

$$\begin{bmatrix} b_1 & b_2 & b_3 \\ b_4 & b_5 & b_6 \\ b_7 & b_8 & b_9 \end{bmatrix}$$

```python
c1, c2, c3, c4, c5, c6 = symbols('c1:7')

C = Matrix([[c1, c2],
            [c3, c4],
            [c5, c6]])
C
```

$$\begin{bmatrix} c_1 & c_2 \\ c_3 & c_4 \\ c_5 & c_6 \end{bmatrix}$$

```
A * (B * C)
```

$$\begin{bmatrix} a_1(b_1c_1+b_2c_3+b_3c_5)+a_2(b_4c_1+b_5c_3+b_6c_5)+a_3(b_7c_1+b_8c_3+b_9c_5)\cdots\cdots \\ a_4(b_1c_1+b_2c_3+b_3c_5)+a_5(b_4c_1+b_5c_3+b_6c_5)+a_6(b_7c_1+b_8c_3+b_9c_5)\cdots\cdots \end{bmatrix}$$

```
(A * B) * C
```

$$\begin{bmatrix} c_1(a_1b_1+a_2b_4+a_3b_7)+c_3(a_1b_2+a_2b_5+a_3b_8)+c_5(a_1b_3+a_2b_6+a_3b_9)\cdots\cdots \\ c_1(a_4b_1+a_5b_4+a_6b_7)+c_3(a_4b_2+a_5b_5+a_6b_8)+c_5(a_4b_3+a_5b_6+a_6b_9)\cdots\cdots \end{bmatrix}$$

> **注意**
>
> 作为(未经化简的)符号表达式,$(AB)C$ 和 $A(BC)$ 的结果肯定是不同的(同一个位置上元素的呈现形式就不一样),因此,用逻辑判断两者是否相等会得到结果 False。

```
A * (B * C) == (A * B) * C
```

False

但化简后两者的结果是一样的。

```
simplify(A * (B * C) - (A * B) * C)       # 化简后的值是相等的
```

$$\begin{bmatrix} 0 & 0 \\ 0 & 0 \end{bmatrix}$$

4. 矩阵的逆

如果一个 n 阶正方矩阵 A 是**可逆矩阵**,那么 A 存在逆矩阵 A^{-1},满足如下等式:

$$AA^{-1}=A^{-1}A=I.$$

其中 I 是 n 阶单位矩阵。

在 SymPy 中,使用方法 inv() 作用到一个矩阵实例上,可以得到该矩阵的逆矩阵(如果逆矩阵存在的话)。

```
A = Matrix([[1, 2],
            [3, 9]])
A
```

$$\begin{bmatrix} 1 & 2 \\ 3 & 9 \end{bmatrix}$$

```
B = A.inv()
B
```

$$\begin{bmatrix} 3 & -\dfrac{2}{3} \\ -1 & \dfrac{1}{3} \end{bmatrix}$$

```
A * B      # 验证 B 是矩阵 A 的"右逆"
```

$$\begin{bmatrix} 1 & 0 \\ 0 & 1 \end{bmatrix}$$

```
B * A      # 验证 B 是矩阵 A 的"左逆"
```

$$\begin{bmatrix} 1 & 0 \\ 0 & 1 \end{bmatrix}$$

一个可逆矩阵的逆矩阵,其作用和行为很像是一个非零数的倒数(负一次幂),也可以直接使用负一次幂来求逆矩阵。

```
A ** (-1)
```

$$\begin{bmatrix} 3 & -\dfrac{2}{3} \\ -1 & \dfrac{1}{3} \end{bmatrix}$$

一个由 m 个方程、n 个未知量组成的线性方程组

$$a_{11}x_1 + a_{12}x_2 + \cdots + a_{1n}x_n = b_1$$
$$a_{21}x_1 + a_{22}x_2 + \cdots + a_{2n}x_n = b_2$$
$$\cdots \cdots \cdots \cdots$$
$$a_{m1}x_1 + a_{m2}x_2 + \cdots + a_{mn}x_n = b_m.$$

可以缩写成如下矩阵-向量的形式:

$$A\mathbf{x} = \mathbf{b}.$$

其中 $A = (a_{ij})_{1 \leqslant i \leqslant m,\, 1 \leqslant j \leqslant n}$ 为方程组系数所构成的矩阵,$\mathbf{x} = (x_1, \ldots, x_n)$ 为由各未知量所构成的 n 维向量(视为列向量,即 $n \times 1$ 矩阵),$\mathbf{b} = (b_1, \ldots, b_m)$ 为常数项构成的 m 维向

量（$m \times 1$ 矩阵）。

线性代数的一个基本结果是，当 $n = m$ 时，线性方程组 $A\mathbf{x} = \mathbf{b}$ 有唯一解，当且仅当矩阵 A 是可逆的。

此时方程组的唯一解由 $\mathbf{x} = A^{-1}\mathbf{b}$ 给出。

用前文的一个例子对其进行检验。假设有一个线性方程组

$$2x_1 + x_2 + x_3 = 5$$
$$4x_1 - 6x_2 = -2$$
$$-2x_1 + 7x_2 + 2x_3 = 9$$

分别写出其系数矩阵 A、未知量向量 $\mathbf{X}$ 和常数项向量 $\mathbf{B}$。

```python
x1, x2, x3 = symbols('x1:4')
A = Matrix([[ 2,  1, 1],
            [ 4, -6, 0],
            [-2,  7, 2]])
X = Matrix([[x1],
            [x2],
            [x3]])
B = Matrix([[5],
            [-2],
            [9]])
```

```python
solve(A * X - B, X)
```

$\{x_1:1,\ x_2:1,\ x_3:2\}$

```python
A ** (-1) * B
```

$$\begin{bmatrix} 1 \\ 1 \\ 2 \end{bmatrix}$$

```python
A.inv() * B
```

$$\begin{bmatrix} 1 \\ 1 \\ 2 \end{bmatrix}$$

5. 矩阵的行列式

一个 n 阶方阵 A 的**行列式**(记为 $\det(A)$ 或者 $|A|$)是根据矩阵 A 的元素算出来的一个特殊数,表征了矩阵的很多性质。

行列式最重要的一个性质是,当且仅当 $\det(A) \neq 0$ 时,矩阵 A 可逆。

除此之外,行列式还有很多其他用处,如计算由 A 的各行(或各列)所构成线性几何体(平行四边形的高维类似物)的体积,求解线性方程组(**克拉姆法则**)以及求矩阵特征值,等等。

SymPy 中的函数 det()(以及同名的方法 det()),可作用于矩阵对象,计算行列式。

```
M = Matrix([[1,  2, 3],
            [2, -2, 4],
            [2,  2, 5]])
M.det()
```

2

```
det(M)   # 与 M.det()相同
```

2

$det(M) = 2$ 表明,矩阵 A 是可逆的,因此可以求出其逆矩阵。

```
M.inv()
```

$$\begin{bmatrix} -9 & -2 & 7 \\ -1 & -\dfrac{1}{2} & 1 \\ 4 & 1 & -3 \end{bmatrix}$$

6. 矩阵的初等变换

矩阵消元法的基础是三种**初等行变换**,即

(1) 交换矩阵的两行。

(2) 用一个非零常数乘矩阵的某行。

(3) 将某行的一个非零倍加到另一行,并替换该行。

对单位矩阵实施一次初等行变换得到的矩阵称为**初等矩阵**。所有初等矩阵都是可逆的,而且其逆矩阵恰好由原初等变换的逆变换作用于单位矩阵得到。

矩阵消元法的一个最基本的结果是,对矩阵实施一次初等行变换的结果等于用相同的变换所得到的初等矩阵左乘原矩阵。

下面使用一个具体的例子对这个结论进行验证。假设对上述矩阵实施一次第三种初等行变换。

```
M = Matrix([[1,  2, 3],
            [2, -2, 4],
            [2,  2, 5]])
M[1, :] = M[1, :] + 3 * M[0, :]    #将 M 的第 0 行的 3 倍加到第 1 行,并替换第 1 行
M
```

$$\begin{bmatrix} 1 & 2 & 3 \\ 5 & 4 & 13 \\ 2 & 2 & 5 \end{bmatrix}$$

```
N = eye(3)                      # 生成 3×3 单位矩阵
N[1,:] = N[1,:] + 3 * N[0,:]    # 将第 0 行的 3 倍加到第 1 行,并替换原来的第 1 行
N                               # 这是一个"初等矩阵"
```

$$\begin{bmatrix} 1 & 0 & 0 \\ 3 & 1 & 0 \\ 0 & 0 & 1 \end{bmatrix}$$

现在用 N 左乘原来的 M,结果如下所示:

```
M = Matrix([[1,  2, 3],
            [2, -2, 4],
            [2,  2, 5]])
N * M
```

$$\begin{bmatrix} 1 & 2 & 3 \\ 5 & 4 & 13 \\ 2 & 2 & 5 \end{bmatrix}$$

6.5.4　矩阵的 LU 分解

一个矩阵 A 的 **LU 分解**是一个如下形式的表达式

$$A = LU.$$

其中 U 是上三角矩阵(即非零元,只出现在主对角线的上面),而 L 是下三角矩阵(非零元,只出现在主对角线的下面)。

LU 分解其实就是通过初等行变换尽量将矩阵向对角矩阵进行变换的结果。因为实施变换的步骤可能不一样,因此,矩阵的 LU 分解的结果一般不是唯一的。

下面以一个具体的矩阵为例,说明 LU 分解的过程。这个过程具有普遍性,一般矩阵的 LU 分解均是用这种算法实现的。

1. 变换为上三角矩阵

首先,逐次作用初等行变换,将矩阵变换为上三角矩阵。

```
# 定义一个矩阵
A = Matrix([[1, -2,  1],
           [3,  2, -2],
           [6, -1, -1]])
A
```

$$\begin{bmatrix} 1 & -2 & 1 \\ 3 & 2 & -2 \\ 6 & -1 & -1 \end{bmatrix}$$

```
# 定义与 A 同阶的单位矩阵
E00 = eye(3)
E00
```

$$\begin{bmatrix} 1 & 0 & 0 \\ 0 & 1 & 0 \\ 0 & 0 & 1 \end{bmatrix}$$

将矩阵的第 0 行的 -1 倍加到第 1 行(并替换第 1 行),将第 1 行第 0 个元素消除为 0,得到的结果等于用一个同样变换产生的初等矩阵左乘原矩阵。

```
# 用同样的变换作用于单位矩阵产生初等矩阵
E21 = Matrix([[ 1, 0, 0],
             [-3, 1, 0],
             [ 0, 0, 1]])
```

```
# 左乘
E21 * A
```

$$\begin{bmatrix} 1 & -2 & 1 \\ 0 & 8 & -5 \\ 6 & -1 & -1 \end{bmatrix}$$

类似地,消掉第 2 行第 0 列元素 6。

```
E31 = Matrix([[ 1, 0, 0],
             [ 0, 1, 0],
             [-6, 0, 1]])
```

```
E31 * (E21 * A)
```

$$\begin{bmatrix} 1 & -2 & 1 \\ 0 & 8 & -5 \\ 0 & 11 & -7 \end{bmatrix}$$

现在,消去第 2 行第 1 列元素 11,即将第 1 行的 $-\dfrac{11}{8}$ 倍加到第 2 行上并替换,对应的初等矩阵为:

```
E32 = Matrix([[1, 0 , 0],
              [0, 1, 0],
              [0, Rational(-11, 8), 1]])
E32
```

$$\begin{bmatrix} 1 & 0 & 0 \\ 0 & 1 & 0 \\ 0 & -\dfrac{11}{8} & 1 \end{bmatrix}$$

再左乘。

```
U = E32 * E31 * E21 * A
U
```

$$\begin{bmatrix} 1 & -2 & 1 \\ 0 & 8 & -5 \\ 0 & 0 & -\dfrac{1}{8} \end{bmatrix}$$

这样,矩阵现在以及被变换为上三角形的了,即

$$E_{32}E_{31}E_{21}A = U.$$

2. 计算下三角矩阵

因为 E_{32}、E_{31}、E_{21} 都是初等矩阵,也是可逆的,所以

$$A = E_{21}^{-1}E_{31}^{-1}E_{32}^{-1}U.$$

又因为 E_{32}、E_{31}、E_{21} 都是下三角矩阵,其逆矩阵及其乘积也都是下三角矩阵(这可以直接通过计算来验证)。令 $L = E_{21}^{-1}E_{31}^{-1}E_{32}^{-1}$,则 L 是下三角矩阵,且

$$A = LU.$$

通过下列代码进行验证。

```
# L是一个下三角矩阵
L = E21.inv() * E31.inv() * E32.inv()
L
```

$$\begin{bmatrix} 1 & 0 & 0 \\ 3 & 1 & 0 \\ 6 & \dfrac{11}{8} & 1 \end{bmatrix}$$

```
A = = L * U    # 验证 A 与 LU 是否相等
```

True

3. 使用 SymPy 计算 LU-分解

SymPy 提供的方法 `LUdecomposition()`,可以作用在任意矩阵上,直接产生其 LU-分解。

```
A = Matrix([[1, -2,  1],
            [3,  2, -2],
            [6, -1, -1]])
L, U, _ = A.LUdecomposition()
```

```
L, U
```

$$\left(\begin{bmatrix} 1 & 0 & 0 \\ 3 & 1 & 0 \\ 6 & \dfrac{11}{8} & 1 \end{bmatrix}, \begin{bmatrix} 1 & -2 & 1 \\ 0 & 8 & -5 \\ 0 & 0 & -\dfrac{1}{8} \end{bmatrix} \right)$$

4. 行简化梯形标准型

由上述算法产生下三角矩阵 L 的过程是有限制的,即不能实施第一类初等变换(即交换矩阵两个行的变换),因为这样的操作有可能将非零元素带到主对角线之上。

如果取消这个限制,最终可以通过初等行变换将任意阶矩阵 A 变换为一种最接近单位矩阵的形式,称为**行简约梯形标准型**(RREF),即满足下列条件的矩阵:

* 每一行第一个非零元必须为 1(称为矩阵的**主元**)。
* 每行主元所在的列上,除主元本身外其余元素均为 0。
* 每行的主元所在列一定比其后面行的主元所在列靠前。

这些条件虽然看着有点复杂,但所描述的事情其实很简单,就是按照行列有序,对角为 1 的标准,使用初等行变换,直至不能再继续做任何化简。

与 LU 分解不同,RREF 由矩阵唯一确定。线性代数中的一个基本结果(也是基本算法)是,任何矩阵都可经若干次初等行变换,变为其行简约梯形标准型(RREF)矩阵。

在 SymPy 中,方法 `rref()` 作用到一个矩阵上,可得到该矩阵的 RREF。

```
A = Matrix([[ 7,    -3,    -8,     5],
            [-2,    -1,     2,    -6],
            [ 1,     0,    -3,     4]])
A
```

$$\begin{bmatrix} 7 & -3 & -8 & 5 \\ -2 & -1 & 2 & -6 \\ 1 & 0 & -3 & 4 \end{bmatrix}$$

```
A.rref()
```

$$\left(\begin{bmatrix} 1 & 0 & 0 & \dfrac{13}{25} \\ 0 & 1 & 0 & \dfrac{66}{25} \\ 0 & 0 & 1 & -\dfrac{29}{25} \end{bmatrix}, (0, 1, 2) \right)$$

方法 `rref()` 返回由两组值构成的一个列表(或元组):第一组值是矩阵 A 的行简约梯形标准型 RREF;第二组值是一个元组,元组中的值指示在 A 的 RREF 中主元所在的位置。

例如,上例中后面的一组值(0,1,2)表示矩阵 A 有三个主元,分别位于矩阵的第 1 列、第 2 列和第 3 列。

如果只想得到 A 的 RREF,使用 `A.rref()[0]` 访问列表中的第一个元素即可,如下列代码所示:

```
A.rref()[0]
```

$$\begin{bmatrix} 1 & 0 & 0 & \dfrac{13}{25} \\ 0 & 1 & 0 & \dfrac{66}{25} \\ 0 & 0 & 1 & -\dfrac{29}{25} \end{bmatrix}$$

6.5.5 矩阵确定的基本子空间

对一个 $m \times n$ 矩阵 A,伴随矩阵 A 有两个重要的基本线性子空间。

- A 的**列空间** $\mathscr{C}(A)$:由 A 的所有列所构成的向量子空间,也是由 A 的 RREF 中主元所指示的那些列所构成的子空间。

- A 的**零空间** $\mathcal{N}(A)$：由满足 $A\mathbf{x}=\mathbf{0}$ 的所有向量 $\mathbf{x}$ 所构成的子空间，即齐次线性方程组 $A\mathbf{x}=\mathbf{0}$ 的**解空间**。

除此之外，还有其他几个子空间，但都可以转换为这两个子空间。例如，A 的**行空间** $\mathcal{R}(A)$ 可以定义为 A 的转置 A^T 的列空间。

给定矩阵 A，A 的列空间可以通过其 RREF（或者主元位置）找到一组基。

```
A = Matrix([[ 7, -3,  4,  5],
            [-2, -1, -3, -6],
            [ 6, -4,  2,  3],
            [ 1,  0,  1,  4]])
```

```
A.rref()
```

$$\left[\begin{array}{cccc} 1 & 0 & 1 & 0 \\ 0 & 1 & 1 & 0 \\ 0 & 0 & 0 & 1 \\ 0 & 0 & 0 & 0 \end{array}\right], \; (0, 1, 3)$$

下列代码可以找出列空间 $\mathcal{C}(A)$ 的一组基。

```
[A[:, c] for c in A.rref()[1]]
```

$$\left[\left[\begin{array}{c} 7 \\ -2 \\ 6 \\ 1 \end{array}\right], \left[\begin{array}{c} -3 \\ -1 \\ -4 \\ 0 \end{array}\right], \left[\begin{array}{c} 5 \\ -6 \\ 3 \\ 4 \end{array}\right]\right]$$

而方法 nullspace() 作用于矩阵对象上，可以直接给出 $\mathcal{N}(A)$ 的一组基。

```
A.nullspace()
```

$$\left[\left[\begin{array}{c} -1 \\ -1 \\ 1 \\ 0 \end{array}\right]\right]$$

这些结果表明 $\dim \mathcal{C}(A)=3$，$\dim \mathcal{N}(A)=1$。

下面是一个比较复杂的求零空间的例子。

```
x = Symbol('x', real = True)
```

```
M = Matrix([[   (1 - x) ** 3 * (3 + x),    4 * x * (1 - x ** 2), - 2 * (1 - x ** 2) * (3 - x)],
            [   4 * x * (1 - x ** 2), - (1 + x) ** 3 * (3 - x),   2 * (1 - x ** 2) * (3 + x)],
            [-2 * (1 - x ** 2) * (3 - x), 2 * (1 - x ** 2) * (3 + x),          16 * x]])
M
```

$$\begin{bmatrix} (1-x)^3(x+3) & 4x(1-x^2) & (3-x)(2x^2-2) \\ 4x(1-x^2) & -(3-x)(x+1)^3 & (2-2x^2)(x+3) \\ (3-x)(2x^2-2) & (2-2x^2)(x+3) & 16x \end{bmatrix}$$

```
det(M)
```

$-256x^3(1-x^2)^2 - 16x(1-x)^3(3-x)(x+1)^3(x+3) + 8x(1-x^2)(2-2x^2)(3-x)(x+3)(2x^2-2) - (1-x)^3(2-2x^2)^2(x+3)^3 + (3-x)^3(x+1)^3(2x^2-2)^2$

```
simplify(det(M))
```

0

　　$\det(M) = 0$ 表示矩阵 M 是不可逆的，因此齐次线性方程组 $M\mathbf{x} = \mathbf{0}$ 有非平凡解（即异于 $\mathbf{x} = \mathbf{0}$ 的解），于是 M 的零空间 $\mathcal{N}(M) \neq \{\mathbf{0}\}$。 通过作用方法 nullspace() 可以求该子空间的一组基。

```
v = M.nullspace()      # 求零空间的一组基
v
```

$$\left[\left[\begin{array}{c} -\dfrac{-4x(1-x^2)(-4x(1-x^2)(3-x)(2x^2-2) + (1-x)^3(2-2x^2)(x+3)^2) + (3-x)(2x^2-2)(-16x^2(1-x^2)^2 - \cdots\cdots}{(1-x)^3(x+3)(-16x^2(1-x^2)^2 - (1-x)^3(3-x)(x+1)^3(x+3))} \\ -\dfrac{-4x(1-x^2)(3-x)(2x^2-2) + (1-x)^3(2-2x^2)(x+3)^2}{-16x^2(1-x^2)^2 - (1-x)^3(3-x)(x+1)^3(x+3)} \\ 1 \end{array}\right]\right]$$

```
v = simplify(v[0])     # 做化简


v
```

$$\begin{bmatrix} -\dfrac{2}{x-1} \\ \dfrac{2}{x+1} \\ 1 \end{bmatrix}$$

　　最后，带回到齐次线性方程组中进行验证。

```
simplify(M * v)
```

$$\begin{bmatrix} 0 \\ 0 \\ 0 \end{bmatrix}$$

6.5.6 特征向量与特征值

特征值与特征向量在矩阵中的应用特别关键。

设 A 是一个 n 阶方阵。若 u 是非零向量,且满足条件:对某个常数 λ,$Au = \lambda u$,则称 u 是 A 的一个(属于 λ 的)**特征向量**,λ 为 A 的(对应于 u 的)一个**特征值**。

1. 特征方程

由特征向量的定义,则

$$(A - \lambda I)u = \mathbf{0}.$$

这是关于 u 的一个齐次线性方程组,其有非零解的充分必要条件是

$$\det(A - \lambda I) = 0.$$

即 A 的**特征方程**,也是一个关于 λ 的次数为 n 的多项式方程。A 的所有特征值就是特征多项式的根 $\lambda_1, \lambda_2, \ldots, \lambda_n$(可以有重根)。有了特征值后,再将每个特征值代入到 λ,$Au = \lambda u$ 中,就能得到 A 的所有特征向量。

前文已经求解过所有方程,因此也就能够求特征值和特征向量。

下面是一个求解特征方程的简单例子。

```
A = Matrix([[ 9, -2],
            [-2, 6]])


solve(det(A - eye(2) * x), x)   # 直接求解特征方程
```

`[5, 10]`

在 SymPy 中,有一组专门用于求矩阵特征值和特征向量的方法:

- eigenvals():作用到矩阵对象上,返回一个字典。字典中的元素就是矩阵的所有特征值(关键词)及该特征值的重数(值)。
- eigenvecs():作用到矩阵对象上,返回一个由元组元素构成的列表,每个元组包含矩阵特征值、对应的重数和特征向量。

```
A.eigenvals()        # 求出 A 的所有特征值
```

`{5:1, 10:1}`

这个结果表示 A 有两个特征值 5 和 10,而且每个特征值的重数都是 1。

```
A.eigenvects()          # 求出 A 的所有(线性无关的)特征向量
```

$$\left[\left[5,\ 1,\ \left[\begin{bmatrix} \frac{1}{2} \\ 1 \end{bmatrix}\right]\right],\ \left[10,\ 1,\ \left[\begin{bmatrix} -2 \\ 1 \end{bmatrix}\right]\right]\right]$$

特征值 5 和 10 都是 1 重的,且两者各有一个特征向量。

2. 特征分解与对角化

某些特殊的矩阵可以用其特征向量和特征值完全表示出来。

设 A 是 n 阶方阵,若 A 的所有特征值为

$$\{\lambda_1,\ \ldots,\ \lambda_n\},$$

其中 λ_i 可能有重复出现,每个特征值重复出现的次数等于该特征值的重数。设 A 有 n 个线性无关的特征向量

$$\{\boldsymbol{u}_{\lambda_1},\ \ldots,\ \boldsymbol{u}_{\lambda_n}\},$$

其中 $\boldsymbol{u}_{\lambda_i}$ 表示该特征向量属于特征值 λ_i。

以 n 个特征向量为列构成一个矩阵(矩阵 A 的**特征向量矩阵**)

$$Q = [\boldsymbol{u}_{\lambda_1} \ldots \boldsymbol{u}_{\lambda_n}].$$

用 Λ 记 A 的所有特征值 $\{\lambda_1,\ \ldots,\ \lambda_n\}$ 所构成的对角矩阵(称为 A 的**特征值矩阵**)

$$\Lambda = \begin{pmatrix} \lambda_1 & \cdots & 0 \\ \vdots & \ddots & \vdots \\ 0 & \cdots & \lambda_n \end{pmatrix}.$$

则直接计算得出

$$A = Q\Lambda Q^{-1}.$$

或者写为另一种形式

$$\Lambda = Q^{-1}AQ.$$

可以写为这种形式的方阵 A 称为**可对角化的矩阵**,公式本身称为 A 的**对角化表示**或**特征值分解**。

有相当多的矩阵都是可对角化的。如所有**实对称矩阵**,即 A 的所有元素都是实数,且满足条件 $A = A^T$(这个条件要求 A 是方阵)。

SymPy 提供了生成矩阵对角化表示的方法 `diagonalize()`,该方法作用于一个方阵上,返回该矩阵对角化表示中的矩阵 Q 和 Λ。

以下是一个简单的例子。

```
A = Matrix([[ 9, -2],
            [-2, 6]])
A
```

$$\begin{bmatrix} 9 & -2 \\ -2 & 6 \end{bmatrix}$$

由于这是一个实对称矩阵，因此一定是可对角化的。

```
Q, Lbd = A.diagonalize()    # 产生 A 的特征向量矩阵和特征值矩阵
```

```
Q, Lbd
```

$$\left(\begin{bmatrix} 1 & -2 \\ 2 & 1 \end{bmatrix}, \begin{bmatrix} 5 & 0 \\ 0 & 10 \end{bmatrix} \right)$$

即矩阵 A 的特征分解为

$$\begin{bmatrix} 9 & -2 \\ -2 & 6 \end{bmatrix} = \begin{bmatrix} 1 & -2 \\ 2 & 1 \end{bmatrix} \cdot \begin{bmatrix} 5 & 0 \\ 0 & 10 \end{bmatrix} \cdot \begin{bmatrix} 1 & -2 \\ 2 & 1 \end{bmatrix}^{-1}.$$

以下通过实际的计算进行验证。

```
Q * Lbd * Q.inv()
```

$$\begin{bmatrix} 9 & -2 \\ -2 & 6 \end{bmatrix}$$

```
Q.inv() * A * Q = = Lbd
```

True

矩阵的对角化表示是矩阵计算中一个非常有用的工具，但并非所有矩阵都可以对角化。要判断一个方阵是否可以对角化，可以调用 SymPy 的方法 is_diagonalizable()。

```
A.is_diagonalizable()
```

True

```
B = Matrix([[1, 3],        # 一个不可对角化的但可逆的矩阵
            [0, 1]])


B.is_diagonalizable()
```

False

进一步考察不可对角化的原因何在。首先计算 B 的所有特征值。

```
B.eigenvals()
```

{1:2}

这表明 B 只有一个特征值1，而且其重数为2。再计算其特征向量。

```
B.eigenvects()
```

$$\left[\left[1,\ 2,\ \left[\begin{bmatrix}1\\0\end{bmatrix}\right]\right]\right]$$

通过计算特征向量发现，矩阵 B 只有一个线性无关的特征向量，不足以"撑起"整个空间。

补充阅读：若当标准型

　　一个方阵的**若当分解**可以看作对角矩阵分解的一种推广，我们不再介绍相关概念。若当分解适用于所有方阵（包括复值矩阵），但分解中的标准型不再是对角矩阵，而是一种比对角矩阵要求更弱的矩阵（称为**若当标准型**）。若当标准型不要求所有非零元都在对角线上，而是在对角线附近呈现条带状分布。具体地讲，一个方阵 A 的**若当分解**是如下形式的表达式

$$A = PJP^{-1},$$

其中 J 是 A 的若当标准型。

　　在若当分解中，矩阵 P 和 J 的构成方式比特征分解要复杂得多，详情请参考线性代数方面的教材。

　　尽管若当分解适用于所有方阵，但其标准型比较复杂，且涉及复值矩阵，因此相比特征分解，其理论价值更大些。

　　在 SymPy 中，对一个方阵应用方法 jordan_form()，将返回一对矩阵，即若当分解中的变换矩阵 P 和若当标准型 J。

　　以下是计算若当分解（及若当标准型）的一个具体例子。

```
M = Matrix ([[Rational(13, 9), -Rational(2, 9), Rational(1, 3),
        Rational(4, 9), Rational(2, 3)],
        [-Rational(2, 9), Rational(10, 9), Rational(2, 15),
        -Rational(2, 9), -Rational(11, 15)],
        [Rational(1, 5), -Rational(2, 5), Rational(41, 25),
        -Rational(2, 5), Rational(12, 25)],
        [Rational(4, 9), -Rational(2, 9), Rational(14, 15),
        Rational(13, 9), -Rational(2, 15)],
```

```
                    [-Rational (4, 15), Rational (8, 15), Rational (12, 25),
                Rational(8, 15), Rational(34, 25)]
                ])
M
```

$$\begin{bmatrix} \dfrac{13}{9} & -\dfrac{2}{9} & \dfrac{1}{3} & \dfrac{4}{9} & \dfrac{2}{3} \\[2mm] -\dfrac{2}{9} & \dfrac{10}{9} & \dfrac{2}{15} & -\dfrac{2}{9} & -\dfrac{11}{15} \\[2mm] \dfrac{1}{5} & -\dfrac{2}{5} & \dfrac{41}{25} & -\dfrac{2}{5} & \dfrac{12}{25} \\[2mm] \dfrac{4}{9} & -\dfrac{2}{9} & \dfrac{14}{15} & \dfrac{13}{9} & -\dfrac{2}{15} \\[2mm] -\dfrac{4}{15} & \dfrac{8}{15} & \dfrac{12}{25} & \dfrac{8}{15} & \dfrac{34}{25} \end{bmatrix}$$

```
P, J = M.jordan_form()
J   # J是M的若当标准型
```

$$\begin{bmatrix} 1 & 0 & 0 & 0 & 0 \\ 0 & 2 & 1 & 0 & 0 \\ 0 & 0 & 2 & 0 & 0 \\ 0 & 0 & 0 & 1-i & 0 \\ 0 & 0 & 0 & 0 & 1+i \end{bmatrix}$$

```
P = simplify(P)
P   # P是变换矩阵
```

$$\begin{bmatrix} -2 & \dfrac{10}{9} & 0 & \dfrac{5i}{12} & -\dfrac{5i}{12} \\[2mm] -2 & -\dfrac{5}{9} & 0 & -\dfrac{5i}{6} & \dfrac{5i}{6} \\[2mm] 0 & 0 & \dfrac{4}{3} & -\dfrac{3}{4} & -\dfrac{3}{4} \\[2mm] 1 & \dfrac{10}{9} & 0 & -\dfrac{5i}{6} & \dfrac{5i}{6} \\[2mm] 0 & 0 & 1 & 1 & 1 \end{bmatrix}$$

通过以下代码进行验证。

```
simplify(P * J * P ** (-1)) == M
```

True

补充阅读：奇异值分解

矩阵的对角分解（及若当分解）虽然很有用，但都不适用于任意阶数的非方块矩阵。

对于任意 $m \times n$ 的实矩阵 A，$A^T A$ 和 AA^T 分别是阶数为 $n \times n$ 和 $m \times m$ 的对称方阵，因此都可以对角化。通过适当的技术处理，可以得到如下形式的矩阵分解

$$A = U \Sigma V^T.$$

其中 U 是一个 $m \times m$ 正交矩阵，V 是 $n \times n$ 正交矩阵，矩阵 Σ 的呈现形式如下：

- 若 $m > n$，则

$$\Sigma = \begin{pmatrix} \sigma_1 & \cdots & 0 \\ \vdots & \ddots & \vdots \\ 0 & \cdots & \sigma_n \\ 0 & 0 & 0 \\ \vdots & \ddots & \vdots \\ 0 & 0 & 0 \end{pmatrix}.$$

- 若 $m < n$，则

$$\Sigma = \begin{pmatrix} \sigma_1 & \cdots & 0 & 0 & \cdots & 0 \\ \vdots & \ddots & \vdots & \vdots & \ddots & \vdots \\ 0 & \cdots & \sigma_m & 0 & \cdots & 0 \end{pmatrix}.$$

- 若 $m = n$，则

$$\Sigma = \begin{pmatrix} \sigma_1 & \cdots & 0 \\ \vdots & \ddots & \vdots \\ 0 & \cdots & \sigma_n \end{pmatrix}.$$

无论是哪种情况，元素 $\{\sigma_i\}$ 都满足条件，若 $r \leqslant \min(m, n)$（m，n 中较小的那个是 A 的秩）

$$\sigma_1 \geqslant \sigma_2 \geqslant \cdots \geqslant \sigma_r > 0.$$

$\{\sigma_i\}$ 称为矩阵 A 的**奇异值**，等式 $A = U \Sigma V^T$ 称为 A 的**奇异分解**（SVD）。

矩阵奇异值分解在数据科学及机器学习中有很多应用。

SymPy 中的方法 singular_values() 作用到任何矩阵上都可以得到其所有奇异值。

```
A = Matrix([[ 1, 0, 1],
            [-2, 1, 0]
            ])
```

```
A.singular_values()
```

$$\left[\sqrt{6},\ 1,\ 0\right]$$